U0164356

置業創富秘笈

天書藍圖

「不要讓眼前的困難，綁住你終將要實現的夢想」

蔣｜洪 LUCY

很多人畢生的夢想，就是有一個屬於自己的安樂窩，不少人為此而奮鬥一生。不過，置業「易學難精」，過程中難免出現疑問，除了需要地產代理的協助，亦需要投資專家及導師，為普羅大眾灌輸正確觀念。而「樓市蔣門人」——LUCY，正是當中的佼佼者，一直孜孜不倦為有意置業自住或投資的人士提供指導，迄今已桃李滿門。

美聯與 LUCY 合作多年，她不負「樓市蔣門人」的美譽，工作理念與我們地產代理是不謀而合，相輔相成。她開班授徒，廣傳置業心法；美聯亦一直透過多元化的樓市講座，以及豐富的網站內容，提供實用的置業貼士及資訊。例如我們設立了業界首個 Youtube 資訊平台「置富頻道」，每星期都請來不同的嘉賓，助觀眾更深入了解樓市及置業的知識。LUCY 是節目中最受歡迎的嘉賓之一，我與她多次合作，

每次節目播出都帶來極多的捧場客，可見
觀眾對置業的知識絕對是「求知若渴」，
多多益善。因此，當知道她即將出書，公
開分享置業心得，我當然第一時間贊成，
希望更多讀者可從中獲益。

冀「蔣門人」的新書能夠一紙風行，令更
多讀者對置業有更深入了解，藉以增進知
識，踏上「成就致富人生」之路。

百樂
Leo Chiu
著名財經博客創辦人

我是一名專業的風險投資者，幫助有抱負的企業家建立持久的價值並實現財務自由。

七年前，我間歇性退休，創建了博客「100happysouls.com」，分享我的個人故事，講述如何在五到十年內實現財務自由。

隨後，我寫了一本名為《財務自由速成法》的書來總結我博客文章的精髓。該出版物在香港和台灣主要的實體書店和線上書店上市，售出超過 10,000 冊。雖然這不是甚麼值得吹噓的事情，但在這段旅程中，我認識了 LUCY。

LUCY 和我在幫助人們實現財務自由方面有著共同的興趣。所以當她邀請我為她的著作寫序文時，我欣然接受。

條條大路通羅馬，我的方式是以創業為中心，利用日常工作的現金流來引導副業產

生被動收入，進而作為房地產開發和投資的營運資金。

就 LUCY 而言，她的方式來得直接，有策略地針對住宅房地產投資，事實而言，這種模式在香港、倫敦、紐約或舊金山等大都市地區，是非常有效的致富之道。

市面上充斥著很多關於房地產投資和物業管理的指南和自助書籍。作為一名小型房地產開發商和投資者，我發現 LUCY 的教學方法對於初學者非常容易吸收，在深入淺出的同時，也為讀者提供了有效搜尋房地產市場的心法，並提供如何避免陷阱的重要知識。

如果您正研究購買您人生的第一套房子，或出售您現有的房產，或希望透過投資物業以達致財務自由，本書中揭示的點子和策略，定會派上用場，助您儘快願望達成。

操千曲而後曉聲
觀千劍而後識器

LUCY 給人的第一印象是一位個子高挑的新晉年輕女投資專家。香港物業投資圈歷來多為男性前輩主導，LUCY 作為一位年輕女性，往往能從自己角色進入同輩需要來思考問題，再加上隨着未來年輕女性的財富增長和理財需求，能幹實學的女性投資專家確有極大的發展空間。目下所見，很多前輩的投資心得仍停留在昔日客觀環境和時勢所造成的成功而建立的定律，但世道多變，投資一定要切合「語境」，未來物業購買力大多集中在今天的年青人身上，他們怎想、世界怎變，就是日後的潮流趨勢和投資指標，用當年成功的標準而不作調整繼續放諸未來，未必得效！這就是我經常說的，「市場永遠是對的，我們永遠是錯的」這一道理。投資若不先破「自己」之主觀經驗世界，囿於己見，就

會困於自身的經歷、背景和局限之中，縱然以往投資戰績如何優勝，最終不免陷入「夏蟲語冰」之困局，這就是投資界多導師而難出宗師的原因。經過一段時間的合作，我觀察到 LUCY 能善用自己的形象和身份來感染同輩，更可貴的是她經常利用多變思考切入和引領投資者貼地分析方向，使大家感覺醍醐灌頂。

其次，LUCY 的尖子學歷、國際視野，配合她貼地落區、身體力行參與不同物業的投資買賣，這使她不像其他新晉分析師或學院派學者只有理論而欠缺真金白銀的實際參與。物業投資最講求實戰的質感，所謂「操千曲而後曉聲，觀千劍而後識器」，年紀輕輕的 LUCY 難得做到作為一位專業投資教者應有的個人履歷。

再者，LUCY 早年在國內成長，考入上海復旦大學後取得香港政府獎學金來港完成

大學本科，兩文三語了得。LUCY 的學識閱歷令她在研究物業投資層面上不再圍於香港一處，而語言能力致使她更能游刃於國際市場之中，凌波微步於海外各地，在搜集資料、分析推斷，不會只局限於華文媒體訊息。她更擅長組湊投資方案以配合物業增值，並直接參與環球物業市場的合作。LUCY 系出黌宮名校，做事習慣焚膏繼晷，然而勤快主動、貼地友善卻是她的極大優點，不在香港成長卻充滿知識慾，日日落區，日日睇樓，經實踐變成理論。由融入體驗生活，在短時間內已經將香港物業投資這種較本土化的知識駕馭得宜，得之底蘊。

收到 LUCY 訊息，欣悉她準備出書，以化繁為簡的手法將她的蔣門樓市秘笈《置業創富秘笈》結集出版，以饗讀者！目下年青人喜愛投資，由一位八〇後年輕女專家以其自身經歷、知識為大家開啓樓市分析

的第一道門，確能做到帶領讀者群洞若觀火，引領投資者津渡而達之效。

「少年讀書如隙中窺月，中年讀書如庭中望月，老年讀書如台上玩月。」讀書如此，投資亦如是。衷心希望讀者能從此書找出投資的入門方向，領其髓，悟其理，最終窺一斑而知全豹，成自己一家之言！繼而台上玩月，瞭然於心，豐盛人生，富足一生。

最後，當然祝願 LUCY 此書一紙風行，在日後投資事業上「更上一層樓」！

LUCY 一直以來是我非常佩服和尊敬的一位導師和朋友。她年紀輕輕就在世界各地擁有幾十間房地產,是一位很有魄力和遠見的女性投資家。更讓我敬佩的是,她有一顆樂於助人的心,為了幫助更多人早日達成財富自由,不停地在教育這領域作貢獻。如果你也想成為一位成功的房地產投資家,這本書絕對會讓你受益匪淺!

「精明、敏銳、進取、勤奮、樂於分享」，我認為是對 LUCY 最貼切的形容。

我在 2011 年建立的「保得信集團」是以移民為核心的綜合金融業務集團，專門提供優質的移民及資產配置方案。數年前我在一個商會中認識了 LUCY，透過和她的交流，我很快便邀請她與集團旗下的「保得信移民專家」一起舉辦不同的講座，主題都是關於海外移民及置業，驚喜的，每次講座的反應均非常良好，獲得客戶一致好評。

現時大家經常會在電視上看見 LUCY，她已是很多香港人熟悉的「樓市蔣門人」。她不但在電視主持節目，也活躍於各式線上線下的活動，擁有不少粉絲。她和粉絲之間關係親切，往往無間距地分享她的個人觀點和實戰經驗，有問必答，一如身邊的朋友一樣。

LUCY 從 2012 年開始至今，短短 10 年內，已經投資數十個物業，經驗非常豐富，她亦已獲得其個人的財務自由。這完全反映了她在專業上的專注和投入。因此，我認為朋友向她取經，真的會獲益良多。

2022 年全球經濟都受到疫情影響，並存在相當多的不確定因素，但身處這時代，置業到底是危還是機呢？

LUCY 一向對香港以至海外物業投資市場都有其精闢獨到的見解，她不但有靈敏的市場觸覺，而且行動迅速。讀者看了本書分析，相信將能協助各位打開思路，好好掌握先機並能儘量避開一些置業陷阱。簡言之，LUCY 也可說是物業投資界的一盞鮮亮明燈！

潘達恒
Jacob Poon
香港地產代理商總會
第一副主席

香港地少人多，住屋話題相信都是大家最關心、最感興趣的！不難發現，日常生活常常聽到「上咗車未呀？」「換樓換邊度好？」等樓市話題，可見置業已經成為每個人生活的一部分。正因為樓市與我們有著不可分的關係，我們更加要正確地去了解它，LUCY 在本書提供了不少買樓的實戰經驗，無論在心態上及行動上都詳細講解，這是準置業人值得參考的寶貴經驗。

本書可以令讀者正確地了解不同物業板塊的操作，如海外、一二手樓等，為人生先找出合適的單位，先「安居樂業」後，進一步積累財富，進而步上置業投資之路。這些技巧及方法，LUCY 都會一一講解，內容十分實用，這是一本很值得大家參考的置業天書。

2021 年是動盪的一年，同樣也是充滿機遇的一年。

因為新冠肺炎於全球大流行，整個世界也變得不一樣了。撇除無數人因為疫情而失去生命及健康，世界上也出現了大批因為疫情影響而陷入財政困難的家庭和個人。

無可否認，我是其中幸運的一員。我早於數年前透過投資物業而達致財務自由，故此，在這次疫情大流行中，相對來說我的生活沒有受到太大的影響，也沒有經濟壓力。

然而，最近一年，我常常都聽到很多朋友陷入經濟困境的消息：例如有些經營飲食業的朋友因為生意慘淡而需要賣樓套現，從大屋搬細屋；某位任職旅行社高層的朋友已經一年沒有收入，需要送外賣和開的士賺取生活費。

聽到他們的例子，讓我很感觸。如果他們早在數年前，便能和我一樣，建立正確的投資觀念，從而在物業市場的投資中獲取利潤，並且達到財務自由的話，他們在今年的情況中，應該會好過很多吧？

畢竟，我在 2012 年，只是一個普通的上班族，戶口只有 5 萬元港幣，手頭上一個物業都沒有，走到今天坐擁 30 個物業。我靠的不是點石成金的本領，也沒有逆天的運氣。我有的是正確的投資觀念和知識，比別人更敢於嘗試和實踐的精神，以及一班專業而有素質的投資伙伴的支持。

買樓會影響每個人一生的選擇，但是無數的朋友卻因為錯誤的買樓概念、對物業投資市場的不了解，而化身為「樓奴」。

我深信我是幸運的，在 2012 年我遇上了我的物業投資師父 Michael，因為他的教導，我踏上了物業投資之路。這也讓我於數年間，享受到財務自由的幸福滋味。

我深信這個世界是公平的，我有幸學到這麼寶貴的知識和觀念，也應該分享出來，讓更多的朋友學習到怎樣才能透過投資物業而達到財務自由。所以在 2014 年，我創立了 **P&S Academy**，開始教授投資知識。

今年，疫情的衝擊促使我下定決心寫出自己從零開始投資物業的經過和心得。雖然沒法把那些需要手把手傳授的知識和技巧寫出來，但我相信，如果你在看完這本書後，能建立正確的投資觀念和手法，便已經踏出了投資致富的第一步。

「知識改變命運」這句說話是對的，「書中自有黃金屋」也是對的。

期望能幫到正在看這本書的你，踏出致富的第一步。也許有一天，你會成長到一個地步，成為我的投資伙伴呢！

目錄

第一章：

學習投資物業之前

1.1 個人背景

2012 年以前，我還是與很多人一樣，是一個很普通的打工族。

對了，先說點我的背景給大家知道吧，我不是一個土生土長的香港人，我是在讀大學的時候，才過來香港的。但不要誤會，我絕對不是大家認知的那種富二代。爸爸媽媽也沒有給我錢去買房子。今時今日的我，可沒有「成功靠父幹」的幸運。

我的家庭很簡單，爸爸媽媽都是教師，沒有賺很多錢。我自己曾經也是一位很普通的學生，可能與大家有一點點分別的是，從小到大，我讀書的成績都挺不錯的，甚至可以說是很好。套用內地的一個說法，我就是一個學霸。

當年，我在內地已經考入了中國的名牌大學——上海復旦大學。同一時間，我也得到了一個以全額獎學金來香港讀大學的機會。當時，我媽媽知道了以後，便很支持我來香港見識一下，體會一下與內地不一樣的生活和文化。但我的爸爸和嫲嫲非常反對。畢竟，那是上海復旦大學，內地

的知名大學呀！畢業出來，想找一份好工作，妥妥的，所以當時他們挺想我留在上海讀大學的。

只是，當時的我，與媽媽想的也差不多，覺得出來見見世面也好。反正讀完了學士，想要再讀上去的話，到時候再考回清華、北大、復旦也不成問題。哈哈，聽起來很自大吧！只是當時的我真的是這樣想的，因為讀書對於我來說，真的不是一件難事。

於是，我便來了香港讀書，也開開眼界，看看不一樣的人和事。直到現在，我覺得這個決定還是很正確的。

有著內地學霸資質的我，來了香港以後，成績還算過得去：全班第一，GPA 爆 4，第一榮譽畢業。順理成章，畢業的時候，我也找到了一份不錯的工作，一畢業就月入 2 萬元。這對剛畢業的人來說，也算是還不錯的收入吧？

看到這裡，你會不會覺得，我可以有今天，是因為我學業工作特別出色，所以有人特別賞識我，在事業上賺了很多錢，才能買這麼多物業？

可惜並不是。優秀的學歷，帶給我的僅僅只是一份很不錯的工作而已。在畢業以後工作的幾年間，我也抓緊機會進修了一個精算碩士學位。但還是那一句，這個學位沒有幫我的事業鍍金，人工當然也有加，但並沒有替我賺來大筆的收入。不過，我的計算能力當然是變得更強了。

也就是從取得精算碩士學位後，我實實在在地感覺到，即使我不斷地努力，但只靠我的工資，要過上財務自由的生活，應該也要數十年後。

我已經是很幸運，自己本身的工作不算差，而且每年都會調整工資。只是我也發現物價的升幅往往比我的工資升幅還要高。

我的收入不錯，只是花錢的地方也很多。對，真的很多。工作這麼累，是不是應該要吃好一點呢？工作這麼辛苦，回家的時候是不是應該對自己好一點，坐的士呢？難得老闆喜歡我的提議，是不是應該買一個漂亮的包包獎勵一下自己呢？又讀書又工作，假期時是不是應該放鬆一下，來個旅行呢？

結果幾年下來，收入是不少，但支出也很多。總是徘徊在「月光族」那條界線附近。

我常常跟自己說，要儲一點錢，買一間房子。只是真的很難，人生苦短，想做和想玩的事情太多。要我先「死慳死抵」買一間房子把它供完，到五六十歲時，才可以舒舒服服退休，享受人生，我又覺得不太甘心。

我為甚麼要把最好的年華全都拿來作「樓奴」呢？35 歲去旅行和 45 歲去旅行，感受是完全不一樣的呀！

於是，我覺得我應該要找一條出路。

學習能力比別人好的好處就是，我很喜歡學習新的知識，也會主動去尋找解決方法。所以當時對自己的財務感到不滿的我，便開始到處學習和找課程去上。投資、財富管理、現金流、公司管理之類的課程上了一大堆，有些很好，有些上完感覺就是浪費了一個好週末。

還好，我的人品還算不錯，上天也很眷顧我。

1.2 人生轉捩點：
上投資課遇上自己的師父

在上了數個學投資、做生意的課程以後，我上了一堂改變了我人生的課。

我遇上了我的人生導師 —— 來自馬來西亞的 Michael。當時是一位投資課程的同學介紹我認識了 Michael，Michael除了教做生意的可能，還有教人買樓的課程，他的課程是以「教人怎樣不用花錢也能買樓」作賣點。

很誇張吧？很浮誇吧？很像騙人的廣告吧？

我也有點懷疑，只是反正各種各樣的課程都上了一大堆，每一堂課或多或少我都能學到一點點東西，便也不差這個課程了。

當時，我特地飛到馬來西亞去上課！

很冒險吧！我也不知道當時怎麼就一股熱血往上衝，腦袋一熱便跑去了。但不得不說，還好我真的跑了去！原本以為是騙局，但整件事原來是真的可行的，只是我也要事先告訴你，這是非常辛苦的。

有多辛苦？在跟 Michael 上完課後，我和另外兩個組員以小組合作的方法，在 3 個月內，看了超過 100 個樓盤，不分日夜地用了 300 個小時去計算、找資料、談價錢……那 3 個月，每個週末和下班後，我都是不斷的「睇樓」和估價，計算過覺得還不錯的便拿出來給 Michael 看，聽他的分析，然後再談價錢，不成便又再「睇樓」，再估價……

數個月中，因為尋找物業，本來已經不算胖的我再瘦了兩公斤，是因為常常行路找樓盤「行」出來的。

最後，我成功買入了一個比市價低 18% 的樓盤！

為甚麼要以小組的形式來做？因為低於市價的樓盤出現的時間，簡直比曇花一現的時間更短！要在這麼短的時間內計算、確定好這個樓盤是否真的超值，是需要多方面的支援才能好好把握的。這點我會在下文再提及，至於怎樣計算之類的詳情，你可能真的要來上課，才能了解得到更多。

當然，現在我也會分享一些對我幫助很大的要訣，不然你買這本書來幹嘛？但也請你一邊看一邊思考，我所說的正不正確，有沒有令你感覺到打開一個新的視野呢？

2012 年第一次到馬來西亞上物業投資課程。

第二章：

投資物業達至
財務自由之路

2.1 第一步：建立正確觀念

上一篇說完了我是怎樣從一個普通的月光上班族，展開了自己的投資致富之路。事不宜遲，馬上我們便來談談想要投資致富的第一個重點吧。

第一個投資重點：你買的第一個單位，目的一定不能是自住，而是要拿來投資，而且永遠也不要抱著「我一生只要有一個物業就好」的心態！

很奇怪為甚麼我會特地把這個觀點拿出來說？很簡單，原因有數個方面。很多朋友，特別是香港人，在買入物業方面，其實都被兩種情意結所影響：

1. 人一定要「有瓦遮頭」才是好的。有了自己的家，才能安居樂業。

2. 磚頭最保值，我住的房子應該是我買的。

這兩點，聽起來好像沒問題吧。這就是華人的傳統觀念，但也導致了兩個問題的出現。

首先，這種觀念會讓人們產生一種「我應該要先買樓，把自己安頓好了，再儲錢去買第二層樓」的心態。這種心態有甚麼問題？可能差不多你身邊所有朋友都是這樣想的呀！甚至你自己，也有可能會這樣覺得吧！

說到這裡，我們先來想像一下，如果你想要買的第一層樓，是拿來長久自住的。

首先，你要儲首期。然後你去買房子時，因為不是從投資者角度出發，若看見一個物業，覺得各種條件都很好，你便會很想買入。即使那個物業是市價，甚至還可能比市價更高出一點，但為了往後十多二十年的生活質素可以好一點，你也會想要付高一點價錢買下來。

還有，裝修成本也要計算在內。因為你覺得這個家將會住上一、二十年，所以裝修不能太省，各方面都希望能盡善盡美一點。然後再要添置傢具呢？你想想，裝修不能省，其他的傢具也應該選好一點吧，在買傢具上你又再花多了一點錢。

結果，買樓時貴了一點，裝修時又豪華了一點，選購傢具時又再多付了一點，這積累下來，可以是很多錢的哦！

更別說，因為你投放了太多心血在這個單位，即使後來單位的價格上升了，你也會捨不得把單位放賣，因為一則這是你的心頭好，二則你在裝修和添置傢具上都花了很多錢。

然而單位一天不套現，一天都只會成為你的負擔，每月的供款也把你的收入硬生生的挖去了一塊。

但如果我們是以投資者的角度來購入第一個物業的話，整件事便會不一樣了。

因為你很清楚這個物業是拿來投資的，所以在購入價格上，你便會咬得很緊。記得嗎？剛剛分享過，我在上完投資課程後的第一個物業便是比市價便宜了整整 18%。也許，你沒有像我一樣上過物業投資課程，也未能把課程中學到的知識和技巧應用出來，所以沒能買到這麼便宜的物業。

即便如此，因為你的出發角度是拿來投資的，你在購入物業時便會不斷提醒自己：這是投資的，非永久長住的。所以你在選擇物業時，一則你不會很輕易便看上條件很好，但性價比不太高的單位；二則你也會更容易說服自己購入一個條件沒那麼好，但性價比卻非常高的物業。

在買樓上，你因尋找到性價比高的樓盤而節省了一筆費用。在裝修上，因為你很清楚地知道，購入這個樓盤是拿來投資的，所以你也會應省則省，不會要求太高，因為你隨時預備把這個物業再轉手。同樣地，在添置傢具上，你也不會本著「我要長住，所以要對自己好點」的心態，再花很多錢。

結果是，買樓時可能比自住省下數十萬，裝修和買傢具上又可能再省下十多二十萬。而在放賣時更簡單，只要單位到價了，你便能冷靜的把物業出售，從而獲得利潤。

兩者相比之下，你能看見從自住角度出發和從投資者角度出發，大家都是購入第一個物業，兩者的相差有多遠了嗎？想要自住的，幾年下來，花了數十萬；本著投資心態

的，幾年下來，卻可能進賬數十萬。這中間的差距，足以影響一個人的後半生了。

所以你明白嗎？為甚麼我說，第一個單位永遠不能拿來自住，而是應該要用來投資！這也引申到，為甚麼我們不要覺得人生只能有一個物業。

當你以「這個單位便是我／我們以後的家了」的心態去買的話，你買入物業的底線更會節節上升，升到可能沒法入市的地步！無他，因為你會以「未來的生活」來計算：將來會生孩子，所以要間大一點的房子；將來要請工人，所以要再預大點；孩子要上學，想入好學校所以地區要找好點的⋯⋯

然後樓盤價格，可能也就由 1,000 萬上升到 1,500 萬了。這樣買樓要付的首期也隨之增加了，你要付的首期，可能也就從 100 萬再跳到 600 萬。假設你是以儲蓄的方式來存首期的話，便可能又要再多 3 年才可以買。但 3 年後，假若樓價升了呢？又再儲多 3 年？這樣，你永遠也買不到你的第一個物業！

第一個物業，永遠都只是用來投資的！而且也永遠不要抱著「我買了這一間便夠了」的心態去投資物業，情願買一些較便宜的，條件沒有那麼好的物業，當你遇到這些物業，經過計算後，投資價值高便要購入。

用作出租單位的裝修情況。

第二個投資重點：不要等最佳時機才入市，因為這個最佳時機其實永遠都不會來到。

解決了第一個心理關口，然後便來到第二個：「何時才是入市良機？」

其實這個問題，我差不多每十天左右便會答一次，不是因為十天才有人問（其實每天都有人問我），而是我們每十天左右便會有一個講座，每次講座上都會有朋友問我這個問題。

與「入市良機」這個題目相關的常見問題有幾個，其中最常見的一個應該是：「我應該在何時買樓？在市況上升時買？但我現在買，卻比 3 個月前貴了 5% 呀！好像有點不值哦！」然後便想等樓市回落一點才買；假若樓市真的回落了一點點，然後呢？會不會再下跌一點？還是再等等；果真跌到谷底，但回升了，又覺得錯過了，再次覺得要付貴一點的樓價了，不值。

就是這樣，一直惡性循環下去。到最後等了一個月，又再等一個月；等了一年，又再等一年……

那你會不會覺得：我沒有賺錢，但至少我沒有「蝕錢」，總比買貴了，損手離場好吧！

其實，一直等待最佳的入市時機，其實你一直都在蝕錢。

試想一下，如果你現在在租樓，租樓又是一筆開支。你沒有一筆過在樓市上損失，但你每個月付出的租金，是不是一筆會影響你的財富累積的支出？

如果你沒有租屋住，仍然與家人同住，覺得省下了租屋的開支。但你想到了開支，卻忘了通脹。

通脹就像是一個紙杯，底部穿了一點點，慢慢地把你的財產蒸發掉。試想想，你現在很辛苦地儲了 100 萬，假設通脹率是 4%，一年下來，你的購買力便只餘下 96 萬了！再等多 5 年，20 萬便不見了！

當然，每年的通賬指數會變，有時多點，有時少點，但不管怎樣變，都一定會影響到你的儲蓄，即是購買力。

所以你明白嗎？你徘徊在尋找入市良機的時候，其實一直都在為你的銀包放血。到你醒過來的時候，你的購買能力可能已經少了 20-30%！

> **買樓只有好時機，永遠沒有最好時機！**

為甚麼這樣說呢？很簡單，除了通脹會蠶食你的儲蓄以外，更現實的問題是，物業投資和買賣股票是完全不一樣的事情。

股票，你可以隨時放出或買入。樓宇呢？從決定買樓，到找樓盤（睇樓）、鎖定區域，中間可能長達 2 到 3 個月的時間；賣出物業，也不是說你發現市場有一個同類型的單位賣出了你心中的理想價格，你的物業便能立刻以同等價位出售。

所以你在市面上常常都看到的樓市「摸底」、「見頂」，其實很可能已經是昨日黃花，一去不復返。只是買賣經紀們常從歷史中總結出來，然後便說成是自己介紹客人「摸底」買入，再吹噓自己的眼光準確⋯⋯

那何時才是好時機呢？當你找到一個樓盤，比市面上的平均市價便宜了 20%，也應該算是好時機吧。

2.2 違反投資重點的後果實例

前文說完了兩個投資重點，讓我為大家舉一個違反投資重點的例子。

我有一位朋友 Daisy，和我差不多年紀，是我在大學畢業後一起工作時認識的，後來也慢慢地建立了友誼。Daisy 和她的老公，也屬於薪優職厚的行列，是公司的中高管理層，收入不俗。當時，她告訴我她的人生計劃：30 歲要結婚，然後兩口子儲一筆錢便買樓置業，再生兒育女。

聽起來很美好，也很有計劃。Daisy 也順利的，工作 5 年後，在 2013 年，按著自己定下的步伐，和當時感情穩定的男朋友結婚了。第一步，成功！可喜可賀！然後就是第二步置業，第三步生孩子了。但到想要實踐第二步的時候，問題便來了⋯⋯

因為 Daisy 考慮到她的第三步計劃 —— 生孩子的關係，有了孩子，地方當然要大一點，還要請工人照顧小孩子和打理家務。這樣的話，地方便要更大一點了。想買樓的時候，因為對物業面積的要求高了，價錢更貴了，所以他們要付

的首期便也更多了。在這樣的情況下，Daisy 和先生決定先在九龍的慈雲山區租住一個單位，然後兩口子一邊儲首期，一邊留意區內的心儀單位。

Daisy 心目中的理想單位，是建築面積 800 呎、實用面積 600 呎左右的單位。到 2015 年，小倆口總算儲到一定的現金了。當時在慈雲山區，一個六百呎且已補地價的居屋單位，市價大約徘徊在 400 至 450 萬左右。而按著當時的銀行按揭政策，做七成按揭的話，首期大約需要 130 萬左右。

2015 年 2 月，和 Daisy 聚會的時候，她告訴我，他們兩口子已經儲夠首期，開始看樓盤了，看中了便會買下來。

誰知道人算不如天算！2015 年 3 月 1 日，香港政府推出了新政策打壓樓市。以往凡是 800 萬以下的樓盤，都能做到七成按揭；但在當時推出的新政策下，卻只能做到六成按揭了。

這意味著甚麼？他們買房子要拿出的首期，從 135 萬突然變成了 180 萬！小倆口，怎麼可以在剎那間多拿出 45 萬

元來呢？再儲多一會兒？但問題是，他們的儲錢速度根本趕不上樓市升值呀！

我回查她心儀的那種單位，到 2017 年已經升至 600 萬，按著 600 萬付四成的話，那他們要付的首期便變成 240 萬了。如果在 2015 年時要多準備的首期是 45 萬，那麼推斷在兩年後，他們要多付的首期便會起碼整整多出 100 萬。算起來，要每個月儲 4 萬元才能成功上車。

前文也說過，Daisy 和丈夫的計劃是先置業，再生孩子。但就在她和先生要繼續努力，儲錢付四成首期的期間，她懷孕了。本來也沒事，有小天使降臨家中是好事，但問題是，她生的是一對雙胞胎！一個變兩個的支出，把整個家庭的開支增加了。

就這樣，Daisy 和丈夫的資金，也一直不夠購入他們心目中理想的樓宇了。

Daisy 的人生很正常，甚至可以說得上是很有規劃、非常有步驟。但你看見嗎？她所做的一切，雖然都很正常，但卻與我前文提及的投資重點背道而馳：

1. 第一個購入的物業不用是那種一步到位的 Dream House，但他們卻想著要買便要買一個心中的理想單位。

2. 她也本著自己會在這個物業長住的心態去找，所以也變相的提高了上車門檻。

如果當初 Daisy 在儲夠了一筆現金後，先投資買入一間條件沒那麼好的物業，到了樓市上升時，便能很輕鬆的享受樓市上升的優勢了。再者，她和丈夫更可以透過樓換樓的方式，可能在 2017 年以前，便住上了他們心目中的理想家居，甚至有餘錢預備買第二個物業了。

所以我才會說，不要為自己購入的第一層樓定下這麼多的限制，只要遇上了真正的優質單位，而你在金錢上又算得過來的話，即使樓宇不是你心目中的 Dream House，也要先快快買入，先成為上車一族，不然通脹會蠶食你的財富。

2.3 主動收入、被動收入與 財務自由的關係

相信很多香港的朋友，對「財務自由」這個詞語，都不會感到陌生。曾幾何時，這個字可以說是長期出現在坊間的各大報章和書籍中，甚至連電視節目上都不斷出現。

而我相信，很多朋友聽過這個名詞，是因為看過一本十分勵志、非常暢銷的書，叫《富爸爸窮爸爸》。

今天，我想再借用「財務自由」這個名詞，解說一下物業投資的重要性。

在正常的情況下，一般的受薪人士，也就是俗稱的打工仔，他們賴以為生的，是每個月的基本薪金收入。

而我們會將這份薪金分成幾個部分：一些拿來儲蓄，一些用作投資，一些用作購物旅行及支出在一般的生活費和交通費上等等。

這樣的收入我稱之為**「主動收入」**，為甚麼這種收入被稱為「主動」呢？很簡單，因為這樣的收入是有限制的，是要依靠外在環境給予的，你需要不斷付出體力或腦力上的

勞動，才能獲取這樣的收入，它需要你很努力的去追尋，才能拿到。

那甚麼才是「被動收入」呢？就是即使你甚麼也不做，每天只是躺在那裡，吃飽睡，睡醒玩，你還是能得到的穩定收入。再簡單點說，就是收入會主動來找你。

除此以外，被動收入也意味著，即使你不打工、沒有那份薪金收入，也能有充足及穩定的金錢來源，去應付日常生活上的開支，因而達到收支平衡，甚至乎有多餘的金錢去享受生活及吃喝玩樂。

被動收入和主動收入，你想得到哪一種？我自己當然想選被動收入！我想，你應該也是吧！

為了創造被動收入，很多朋友可能會選擇做生意。一般來說，這些經營小生意的中小企老闆們，比其他人更有理想及奮鬥心，懂得將自己的營商看法、多年來的工作經驗，再配合自身已有的人際網絡，透過共享資源去嘗試創造一個商業小王國。

現在，不管你是打工一族，還是你已經是一位小老闆，我們先來看看，你要怎樣做才能得到被動收入吧！

假設你每個月都很努力工作，讓自己的生意能在扣除人工、進貨、租金之類的各種成本之後還有利潤，也就是錢，然後你又恰好有：

1. 其他各方面更多的資源
2. 廣闊的人際網絡
3. 懂得時間管理
4. 很好的心態：實事求是，多勞多得，勤力熱血
5. 天、時、地、利、人等等各種因素

各種各樣的因素加起來，你便能成功的建立和擴大自己的商業圈，賺更多的錢，請更多的人來替你運作生意，這樣你便可以慢慢的脫離主動收入，開始享受被動收入了。也就是俗語說的：「做老闆享福」。

而我所選擇的那條路則有點不同，我靠的是投資物業，創造被動收入。

2.4 投資物業，創造被動收入
以達致財務自由

前文討論了主動收入和被動收入，現在我們再來說得深入一點，怎樣才能達到財務自由。

說到財務自由，不得不說一個名詞：**決策性收入**。

甚麼，又來一種收入？對！而且還是一種很重要的收入。其實，甚麼叫做「決策性收入」呢？

舉個天馬行空的例子吧，假設你自出娘胎時，家中已為你安放了一部印刷鈔票的小機器。每個月底，你只需要走到小機器前，按下你的個人密碼，便會有鈔票彈出來。就好像你的老闆每個月也會透過銀行自動轉賬，把薪水發給你一樣。

這個例子太天馬行空？沒事，我們來個「貼地」一點的，非常有可能發生在日常生活中的實際例子：你早已嫁入豪門，而夫家每月也定時供給你一筆金錢，作為家用及一般生活消費開支。

重點是，這筆錢要足夠你的所有花費，還不能省著花，是要那種你可以生活得很輕鬆的金額才可以！那麼這筆錢就

是你定給自己的「決策性收入」了。

我希望你能做到的，就是為自己創造比「決策性收入」更多的被動收入，從而開展你的「躺贏人生」。

現在，請你靜心下來，仔細地想清楚，然後回答我一個既無敵又優秀、還能保障自己到老的數字吧！

假定你設想的理想中的每月收入數目是港幣 10 萬元正。請切記你自定的這個 10 萬元，決定了以後，是不能再作出任何調整的。而從你現今真實的歲數起，直至你終老去世的一刻，期間的每個月你都只可領到 10 萬元。

現在為了方便計算，我們便先假設你現在是 40 歲吧！

那麼，你希望能在甚麼時候退休呢？注意一下，我在這裡所指的退休年齡，並不是指你年滿 65 歲了所以被迫退休。我指的是，你不再需要依賴工作才可擁有穩定的收入。你不再需要每天固定地上班下班，不再需要天天加班，不再需要不停為口奔波，但得到的收入也能讓你過一個穩定又舒適的生活。

通過人均市場生產數字值及人口老化數字所推算，香港人的平均壽命大概在 85 歲左右。所以，你理想的退休年齡應該大概假設在 65 歲左右。

假設你希望能透過物業投資而得到這一筆讓你能從此「躺著贏」的收入。那麼 10 萬元其實算是剛剛好的，可以讓你過上不錯、穩定的生活。

然後，我們再來算一些很簡單的數學，看看如果你想活得舒適，到底需要儲多少錢才夠。

假設你的人生真的剛剛好是 85 歲完結，而你打算 65 歲退休，那就是在你退休後，還有 20 年要過。

最直接的是，若我們以 10 萬元能過得舒適的情況來算，那便是：10 萬 *12 個月 *20 年 =2,400 萬。

也就是說，我們需要 2,400 萬，日後的生活才能享受財務自由。

當然，每個人心裡的那個數字也會不同，只是我希望你在看這本書時，希望以投資物業來致富的時候，能奔著這個目標跑過去。

說到這裡，關於心態上、思想上的準備，相信大家也已經了解得差不多了。接下來，我便會集中主力在分享投資物業的各種實戰和策略方面。

第三章：
投資物業策略（上）:
實戰手法

3.1 實戰手法一：
從小開始，制定銀碼

這麼多年以來，我的投資物業策略主要有兩個：

> **1. 低買高賣（FLIP）**
> **2. 買樓收租，創造被動收入（KEEP）**

以下的內容，我也會主要圍繞這兩個策略來分析我的投資
手法。

**第一個我想要和大家分享的投資實戰步驟，便是從小開
始，制定銀碼。**

前文也提及過，我們在制定投資目標時，應該是要為自己
創造出能讓我們安心退休，甚麼也不做還能舒服地享受生
活的被動收入。

假設你計算出，你需要一個價值 3,000 萬的物業，才可以
生活無憂的話，你可能會被這個數字嚇怕了。3,000 萬這
個金額，對有些人來說聽起來確實有點大。

那我們改一改，請你先把 3,000 萬除以 10，改成 300 萬吧。感覺會不會舒服多了？以 300 萬的物業為目標，練習十次下來，也應該變得輕鬆多了。

說到這裡，讓我再來和你分享一下，我買進第一個物業時的個人經歷。

當時是 2012 年，我在馬來西亞上課，老師便是用前文提及的計算決策性收入的方法，叫我們計算一下，要達到財務自由，自身應該要擁有價值多少的物業。

我計算了一下，如果我想餘生都不用工作也能財務自由的話，我應該需要擁有 1,800 萬左右的物業。當時的我還很年輕，收入不多，銀行存款也不多。我算出來以後，呆住了，只覺得「這真是一個天文數字呀！」頓時我覺得萬念俱灰，單單要儲夠首期，也需要好長的一段時間。

沒多久，我的那位惡趣味老師，在欣賞完我們一班同學萬念俱灰的樣子以後，便立刻叫我把這 1,800 萬除以 10，就變成 180 萬，說這是我想要買樓的第一個目標。那一刻

我便感覺又活了過來，180 萬，這個數字雖然看起來仍然不小，但感覺舒服多了。

結果，2013 年，我以 270 萬購入了我的第一個單位，也從此展開了我的投資物業之路。

雖然比 180 萬多了差不多一半，但實際上並不難接受。所以，大目標要定好，然後再一步步向前跑。從小物業開始投資，這樣數年下來，你會發現原來自己已經向「躺贏人生」的目標前行了好大一步。

3.2 實戰手法二：
一手樓和二手樓的選擇

在決定要買樓投資的時候，首先第一件事，就是要先把自己的財務情況拿出來仔細分析，這樣才可以制定出一套適合自己的投資策略。如果已經從小開始，制定了投資目標金額，那麼之後便要選擇買甚麼物業了。

在我的物業投資教學生涯當中，其實差不多每天都會遇到朋友問我：「你覺得現在的樓市適合入市嗎？」這個問題對我來說，其實太空泛了。

首先我們要明白的是：即使在相同的市況下，不同的物業都會有不同的價值。再直白點來說，也就是有些物業的升值潛力會更高，有些則抗跌力更強。換句話來說，也就是有些種類的物業，比其他物業更具升值或保值潛力，也更優質。

而會影響這些物業價值的，有很多方面的原因，現在就讓我們來細細分析。說到選擇合適的物業，我們便不得不說一下一手樓（新盤）與二手樓的分別。

看到這裡，你可能會問：「投資原來還要分一手樓和二手樓？」

當然！這還是很重要的一個因素。在香港的物業市場中，最主流的物業供應量來自一手樓和二手樓，當我們選擇購入物業時，二者是有顯著分別的。

一手樓和二手樓各方面的對比

	一手樓	二手樓
盤源提供者	發展商	二手市場
放盤量	同一個屋苑，一手新盤大多批量推出，盤源穩定，可供選擇的單位較多。	放盤量不定，投資者需要隨時注意盤源的變化。
物業情況	發展商大多會安排示範單位供準買家參觀，方便買家掌握單位的詳情，以及相關配套。	各個單位情況都不同，買家需要更多的事先準備，研究及熟悉市場數據。交易後需要仔細查看單位狀況，並做簡單油漆以及裝修。

	一手樓	二手樓
議價空間	沒有議價空間，只能考慮發展商開出的價格。根據市況不同，發展商會提供不同形式的優惠以及回贈（比如回贈印花稅），以節省買樓總體開支。	議價空間可大可小，視乎業主和經紀的個人情況，其他條款以及眾多細節都有商榷的餘地。
按揭上會	發展商大多會安排按揭轉介，提供一條龍服務，讓買家輕鬆上會。	買家需要自行安排。
放租回報	若是買樓投資放租，初期租金回報相對較低。因為同一個項目，短期類似單位的放盤量多，樓盤供應增加令租金價格受限。	租金回報按市場價格、單位情況而定，若確定放租，且有足夠首期的話，亦可考慮購買連租約的樓盤，即時享受租金收入。
自住條件	有更多配套設施，環境優越。	視乎樓盤情況而定。
買賣與出租	可以買入，但在收樓前不能賣出。而收租方面，一手樓無法租回給發展商。	可以買入、賣出，物業也可以即時成交和即時收租。
買賣過程	與發展商直接交易。	主要與地產經紀接觸。

從以上的對比可以看到嗎？一手樓其實更簡單，也更適合自住；二手樓有更多地方要注意，較容易「中伏」，但也更適合用來投資，賺取回報。

以我個人來說，90% 以上的物業投資，我都是集中在二手市場上的。

選擇購買二手樓而不是一手樓的原因

二手樓的投資回報更勝一手樓，因為各方面的因素變化更多，對於懂行、有經驗、有能力、能找出優質樓盤的買家來說，他們可操控的因素更多。

為甚麼說二手樓當中的不確定因素更多呢？試想一下，當你決定要購入一個二手單位時，你要考慮甚麼？

與一手樓相比，二手樓可說是問題處處，需要新買家去處理及跟進，例如：物業維修與保養、大廈外牆問題、排水系統問題、上手業主或租客留下的各種問題、業主立案法團問題等等。

這也引致了很多準買家都極怕的惡夢，就是以低於市價的成交價買了一間二手樓回來後，以為撿到寶了，但裝修時卻發現一個又一個問題，最後裝修費比成交所節省的錢更多。

這個問題的確存在，我也聽過不少。但你此刻在讀這本書，也就代表了你以前不懂，但現在便應該知道會有這些問題，而且以後也可以避免。

我對自己和學生的要求是，怎樣發掘這些問題，怎樣計算要付多少錢才能修復，怎樣解決問題等等，都要了解得一清二楚，才能快、狠、準地買到優質樓盤，所以我們都付出了很多努力和時間。

如果你在看這本書時，已經有一個心儀單位，想要了解是不是值得買入的話，建議你可以找專業人士。付一點錢，找一位有經驗的驗樓師陪你一起去看，便大概知道單位的價值了。這數年間，我陪很多學生看過不同的樓盤，也有些朋友會特地把他心儀的樓盤拿過來給我過目，請我陪他一起驗樓。

中間當然遇上了無數個看起來很優質，但實際上到處也要維修的樓盤。同時，我們也發現了很多樓盤看起來相當不值，但經過計算以後，其實只需要有限的翻新費，便可以拿來出租，可說是從垃圾堆中找出黃金！

如果遇上我說的優質單位（即是那些在數個小時內便會被人搶走的優質物業），很有可能你是沒有時間找驗樓師的。所以可以的話，還是自己學吧！

在這本書的後面部分，我會分享更多有關「睇樓」、驗樓的實戰例子和知識。

3.3 實戰手法三：
尋找「金礦地產經紀」

二手樓與地產經紀

另一個讓二手樓的投資價值勝過一手樓的原因就是地產經紀，也就是你可以尋找一些中介人。

我發現，原來很多朋友都很怕與地產經紀打交道，原因有以下幾方面：

1. 害怕遇上太主動或進取的中介人，賠掉大量的時間和精力。

2. 被中介人發現自己對物業買賣或管理有不懂的地方。

3. 害怕中介人為了佣金而胡亂介紹樓盤。

但其實我很想說，若你找到一個值得信賴的地產中介人，而又能與其建立一個良好的關係，他絕對能成為你的金礦。

為甚麼要和地產經紀打好關係？首先你要明白，一個能流出市面的優質單位，中間是經歷了幾個過程的：

1. 最優質、最高回報的單位通常早已被地產中介人內部消化了（因為他們是最先收到資訊的）。

2. 當地產中介人自己也消化不了時，下一個得益者通常是他自己圈子裡的好朋友。

3. 然後就是慣常性跟樓宇市場接觸，以及保持一定敏感度的投資者或買家。

4. 最後，這些單位的資訊才會被張貼在地產地舖的玻璃窗上，又或是拿到網上放盤。

你不是一位專業中介人，所以一個優質樓盤的第一手資訊便不要想了。但假如你能成為資訊第二層或第三層的得知人呢？變相來說，你比市場上九成九的買家都會更快、更

容易地接受到優質樓盤的資訊。所以，你明白為甚麼「和一個好的地產經紀打好關係」是一件重要的事了吧。

那麼，怎樣才能找到你的「專屬金礦地產中介人」呢？

尋找「金礦地產經紀」

首先，最好就是要「多睇樓」。這樣除了可以見識到更多不同的物業之外，更可以讓你習慣與中介人溝通和相處，從而懂得如何運用中介人這個利器。

其次，預備一系列的物業問題，列表詢問中介人。把自己的心態改正，不要覺得有事問中介人是一件不好的事，最好是把自己放在一個「地產小白」的位置上，可以預備以下的問題，詢問中介人：

> 1. 樓宇單位的尺寸：建築面積多大？實用面積多大？樓宇的實用面積比率高不高？

2. 大廈的座向情況：會不會有很嚴重的西斜問題？通不通風？

3. 風水問題：這單位是不是凶宅？附近單位有沒有發生過意外或死亡事件？

4. 大廈外層狀況、景觀狀況

5. 大廈大堂外觀：大堂裝修是否很殘舊？

6. 大廈管理費事宜

7. 大廈業主立案法團事宜：是不是已經付清餘額？當成交後，新業主是否需要付出維修大廈的費用？

8. 單位裝修費問題：買家需不需要在買入後付出大筆裝修費？

9. 單位間隔情況：是兩房還是一房？開放式還是已打通？或者方不方便打通？等等

10. 單位窗口的座向：會不會有西斜？通不通風？

11. 校網

12. 單位內部：冷氣裝置需不需要更換嘛？燈光配套是否正常運作？水電裝置需不需要更換？會不會有噪音？

13. 周週邊交通工具情況

14. 周邊商鋪情況：是否有食肆、超市、洗衣店在附近？

15. 區域的發展規劃：該區內有沒有新的市區規劃及發展中的項目？

把以上的問題，拿來當功課去問中介人。在這樣的情況下，你會更容易開口問他們問題，因為這就像是例行功課檢查。（當然了，這些問題你要問得很自然，而不是拿紙出來做訪問！）

每個經紀都會有不同的想法和答案，接收多了，你便會心中有數。

改變對中介人的想法，從麻煩變成隊友

想要透過投資物業致富，我們便要改變對中介人的看法，從「麻煩」、「覺得中介人不會為買家著想」的想法中，跳出來。

讓我們設身處地想一想，假設你是一位地產中介，你會希望擁有一些甚麼樣的客人呢？當然是「長做長有」，還會不斷把其他客人介紹給自己的客人，而不是只想做一次、兩次便不再回頭的客人。

的確，有些中介人會為了急於成交而十分進取。但事實上，與他們接觸多了，你會發現大部分的中介人其實都希望能找到一個能長期有生意給他們的大客。如果是 600 萬至 800 萬的樓盤，其實一個中介人收取到的佣金並不會很多。如果是大公司的中介人，他們能分到的佣金，可能只有公司收取的整筆費用的 5-10%。但如果他們每個月都有成交，一個客人能帶到很多新客人給他們呢？

所以請你以平常心去和地產中介人建立一個良好的關係吧，先由一個簡單的友誼開始，當地產中介人發現你是一個有知識、「懂行」的優質客源，他便會更盡心盡力地為你尋找優質樓盤。

我曾與朋友組成「睇樓三人組」相伴睇樓，當時的中介人就是因為我們是他心目中的優質客源，所以在接到一個優質盤時便下意識的先留下來給我們看。

雖然我們也不能單靠中介人，但是如果能有一個業內人士為你提供市場上的買賣資訊，節省尋找優質樓盤的時間，讓你有更多的精力去處理其他事，何樂而不為呢？

多與不同的地產中介人溝通

上一段說完了與個別地產中介人的相處細則，我想說還要記得多跟不同的中介溝通，也要光顧同一地區內的不同地產鋪，和不同的中介人查詢問題。

這樣，好累呀！

對！有機會這樣做的話，單是一個屋苑，你已經花去整整一個週末了。但你要明白，不同的地產經紀也會有不同的樓宇資訊，所以為甚麼我們在一開始的時候，要用「漁翁撒網」的方法去找資料。

而另一個原因就是，多和不同的經紀溝通，才能從中找到與自己最合得來的經紀，原理就和交朋友、「人夾人緣」差不多。要多交不同的朋友，才能找到和自己合得來的。

3.4 實戰手法四：「買樓收租」和 「低買高賣」的睇樓策略差別

「買樓收租」睇樓策略

如果你是傾向於「買樓收租」這類型的，那在睇樓時，你便不能只單單的觀看樓宇，而是要全面化的考慮：

1. 這個單位主要是甚麼類型的租客會租用呢？

2. 這個單位有甚麼特別的賣點去吸引潛在租客的興趣呢？

3. 如果租客是白領，這個單位是否適合他們每天出入、上班工作呢？

4. 如果租客是藍領，這個單位的交通配套能否配合他們不定的工作時段？

5. 租客是單身人士還是學生？

6. 家庭租住的可能性大不大？

作為放租業主的你，必須多從市況需求方面客觀地去嘗試配合租客，切忌只用個人主觀的心態去放租此單位。

你覺得很好、很值得為此而付出高一點價錢的原因，在你的租客眼中可能並沒有那麼重要。所以一切都要從最有可能會租住你的單位的租客角度去想，這樣才能將你的利益最大化。

「低買高賣」睇樓策略

如果你購入物業的主要目的是想要「低買高賣」，那你先要明白在你購入物業後想要再轉手時，你的主要市場：

> 1. 用家，主要用作自住
> 2. 投資者，多數著眼兩點：
>   a. 價格
>   b. 單位隔間特別
>   c. 前景發展

作為一個投資者，我當然比較喜歡賣給用家多一點，如果此單位剛好是潛在買家想拿來自住的心頭好的話，可能我出售的價格也比較高；相反，若對方也同是投資者的話，我賣出的價格有可能會比較低。

當然，你在找樓盤時也可以兩者並用，因為你是可以買樓收租，過一段時間再賣出去的。所以兩者都留意也是一個很好的習慣。

說到賣樓，若我們買入的價錢便宜，那麼即便在賣樓時以市價甚至略低於市價賣出，利潤也會挺優厚的。但我也說一些能讓樓盤「高賣」的小方法：

> 1. 在時間安排上，儘量在一小時內安排多位參觀者睇樓，這可以製造單位搶手可賣的氣氛。
> 2. 不要放置大量傢具於室內，避免潛在買家感覺缺乏空間感。
> 3. 多於不同的渠道放盤，例如網上、經紀等等。

看到這裡，相信大家已經發現我的投資方案：

1. 先行準備好市場信息及自身按揭資料，隨時預備好買樓以及申請按揭。

2. 本身要對市場資料十分熟悉，對想購入的物業區域亦需要了解得十分清楚，也需要清楚了解裝修等各種知識。

3. 反應極快，能在優質樓盤一出現的時候，便立刻能進行計算，確認該樓盤是否是真正的優質樓盤。

4. 在鎖定優質樓盤時，便要以優秀的談判和溝通技巧，化中介人為自己的助力，把樓盤以低於市價 20% 的價格拿下。

由於我能以低於市價 20% 的價格把物業拿下，所以不管之後市況如何，我都處於「進可攻，退可守」的優勢當中，即便不能立刻把物業轉手賣出，轉而放租收回來的租金，也足夠支付按揭供款。

看到這樣，各位讀者可能又會再問我：「真的能找到比市價低 20% 的物業嗎？」

我會告訴你是可行的，我過往便一直都是以這樣的方法來投資，事實上到現在為止，我在投資物業上還沒有任何損手離場的經驗。

第四章：
投資物業策略（下）：
特別注意事項

🏠 *4.1* 優質單位與買賣的時機

甚麼是筍盤？

筍盤的意思是用物超所值的低價買入的優質單位。當一個單位的成交價,比同區域其他相同呎數、條件的單位低,便屬於低水單位。

那要比市價低出多少,才算是真正的低水筍盤呢?

我和我的物業投資課程的學生們,全都是奔著「低兩成」的價格去的。對我們來說,這才算「夠抵」,下文將舉一些例子來說明。

Stephen 於 2016 年上完了我的投資課程後,他用了接近 3 個月的時間,看了接近 200 個單位。最後,到 2016 年 11 月份,Stephen 在深水埗以 212 萬的價格購入了一個單位,當時同區及同一幢樓宇的同樣單位,市

Stephen 購置的深水埗單位的大廈外觀。

價是 310 萬。可以說，他是以低於市價約 31% 購入這個
單位的。一年後，他以市價 388 萬，賣出了這個單位，賺
取利潤。

覺得 2016 年太久遠？我再舉一個學生 Fion 的例子吧。

2020 年的年頭，當時 Fion
看了接近 100 個樓盤，最終
在港島東成功以 320 萬的價
格購入了一個物業，實用面
積是 351 呎。計算後，她購
入的物業呎價是 9 千多元，
而當時同區同一幢樓宇的單
位，平均呎價均在 1 萬 2 千
多元。從中可見，Fion 也
是以低於市價 20-30% 的價
格購入了這個單位。

Fion 購置的港島東單位的大廈外觀。

也許你會問，這樣的樓盤，真的存在嗎？

我想告訴你的是：當然！但絕對不是輕鬆得來的。單單是看樓盤，已經看了有 100 至 200 個；然後每看一個樓盤，我們都會計算、衡量，以及講價錢。簡單點來說，我們其實是把買賣物業，當成一個專門的事業來做。

如果大家在日常生活中、在工作上，有參與過大大小小不同重要性、不同緊迫性的 Project 的話，我們現在其實也是把整個樓宇買賣當成是一個 Project 來做。不一樣的是，這個 Project 能直接為你自己帶來利潤。

你記得前文所提及的我買到的第一個物業嗎？我用了無數心血，再加上團體合作和有經驗的人在旁指導才買下來的。

這些優質單位出現的時間絕對不會很久，甚至可以說是轉眼間便沒有了。因為條件太好了，懂行又有心的人一看到，當然便會搶呀！以下我便舉一個例子給大家看看，當優質樓盤出現時，買家的動作需要有多快。

2013 年，我和另外兩位朋友一起組成了一個「買樓小組」，每天一有空閒時間，我們便會一起結伴出發「睇樓」，務求能尋找到心儀的樓盤。

在「買樓三人組」出現的 4 個月後，我們三個人已經成功各自購買了一個單位，與此同時，也和不少地產經紀混熟了，他們知道我們想要的是怎樣的筍盤。有一天，一位相熟的地產經紀發現市面上出現了一個符合我們需求的低水筍盤，便第一時間打電話給我們。了解過後，我們三人都一致同意這個樓盤真的不容錯過，投資回報價值非常高。

問題就來了，我們三人各自都在一兩個月前購入了一個單位，暫時沒有能力再買多一個單位。但看著這個機會白白飛走，我們又心有不甘。根據我們的經驗，這種優質樓盤出現後，完全是半天之內就會被人買走，誇張點的話，可能數小時內便沒有了。

於是我們抱著「肥水不流別人田」的心態，想把這個樓盤介紹給我們的一個共同好朋友，Polly。經過我們多番努力

的遊說，Polly 總算願意和那位地產經紀見一面。看完了樓盤，也看過我們的計算以後，她也同意這個樓盤的回報應該很高，但關鍵是她強烈地覺得買樓是一件人生大事，所以要先回去和她爸爸商量一下。

Polly 的爸爸是一位細心又謹慎的人，他一聽女兒突然說要買樓，便問了很多問題（也許是因為怕他的女兒被騙吧？笑），例如：樓盤在哪區？那地區安不安全？是怎麼得知這個單位的資料的？又問 Polly 是不是肯定自己需要投資這個單位？種種問題之下，Polly 就帶她爸爸到這個單位去看一看。

看完單位後，Polly 的爸爸也覺得挺滿意，但還是本著「要小心」的態度，想回去再想一下。結果，就在他離開後的兩個小時內，這個單位就已經被賣出去了！

為甚麼這麼快便被賣出了？我們常用的中介人接到這個盤後，利用了少少特權，少少的推後了這個盤被放出去的時間，先讓我們看。因為經紀知道我們是爽快的買家，成交

機會大，所以優先給我們。但關鍵是，他也不能拖太長時間，我們這樣三來三回，經紀當然已經壓不住這個樓盤，一定要放出去了。這個樓盤被放出來後，立刻被其他懂行的人買了下來。

後來我們得知，3 年後那個樓盤以比當初成交價高出 40% 的價格成交賣出，業主賺了大大一筆錢。

從物業放盤，經紀通知我們，到 Polly 的爸爸看完後決定回去考慮，再到我們收到物業已經被售出的通知，整個過程不超過一個下午時間。現在你明白，當這樣一個筍盤出現時，你的反應需要有多快了吧！

這也是為甚麼在本書一開頭，我便說要買入比市價低 20% 的物業，其實很難。找資料、計算樓盤值不值得買入、講價、落訂，所有事都要非常的快和消耗心力。

這也組成了我日後投資買樓的方式：以小組形式合作，在找到一個樓盤時，一人負責找數據，一人負責分析，一人負責查看樓盤周邊環境，再一環一環的套下去。

經歷了 Polly 的例子以後，我們「買樓三人組」也決定痛定思痛。雖說我們是本著「肥水不流別人田」，有好東西當然要介紹給朋友的心態，去建議 Polly 買那個筍盤。但問題是，當朋友不管在知識上，還是心態上，都未能明白及接受的話，即使你介紹給他們的是真正的優質物業，你還是可能會被當成是騙子。

這也成為了我日後開辦 P&S Academy 的其中一個原因，我希望將正確的投資方法和心態分享給更多人，訓練普通人也可以成為投資者，找到更多能與我一起在物業投資上並肩作戰的朋友、伙伴，正如我和我的老師 Michael 一樣。

如果你現在正在看這本書的話，恭喜你，其實你已經走在成功致富的路上了，因為你有那顆想要學習致富的心。你應該也會想好像我一樣，能在短短數年間，透過投資物業達至財務自由吧！

放心，你可以的！只要不斷學習正確的知識，掌握市場上最新的資訊，加上正確正當的方法和不斷的堅持努力，每一位都能成為物業達人！

第四章

在樓價下調時入市

分享了一些在買賣樓宇時的心得，以下我們來說一下時機吧。雖然先前我曾經說過，買樓沒有最佳時機，但我個人也有著更喜歡的入市時機。

本著「低買高賣」的準則，我個人比較喜歡在樓價低時才入市。

正如我先前所說，我們能買到比市價低 20% 樓宇的原因，除了速度要夠快、資料要準、對樓市的了解要夠透徹以外，還有一樣很重要的就是講價及談判技巧。

在樓市回調時，買家的位置和議價能力也會相對地向上調。故談價錢時，也會變得更容易、更得心應手。詳細的怎樣談判，在每一個情況下怎樣應對，怎樣施加壓力，我便不在這裡詳談了，因為這一段真的是要手把手教的。

我當年也有我的師父 Michael 從旁指導，一區區地研究，然後我再教我的學生。情況就好像你去學攝影、滑雪等

等，各種知識其實很難從書本中練習，最重要的知識是需要一個教練在你身旁，一步一步地指示你這兒該怎麼做，那兒又應該如何如何。

就像我的一位當滑雪教練的朋友常常說，很多初學者都會在第一次滑雪前，先看一些滑雪的教學影片，但真正看完 YouTube 便能學會了滑雪，而且滑得很好的朋友，其實沒有幾個。

這本書也只會把一些大方向指示給大家，告訴你發生在我和我的學生身上的事，但如果你能被當中的知識和想法啟發，也就能在「買樓致富」的路上跑少很多冤枉路了。

買賣物業要不要高追？

剛才也說過，我個人的投資取向，是喜歡在樓價回落時才入貨，哪會高追？所以親愛的讀者，請你也不要抱著「高追」的心態去購買啊！

第四章

又或是，如果你手頭上已經擁有了一些物業，也可以細心而謹慎地考慮會不會走多一步，利用手頭上的物業再套現，進行 Refinancing 以儲定彈藥購買樓宇。

以上提及的投資行動都需要我們好好的看準機會成本（Opportunity Cost），時間管理也需要把握得很好。如果你連首間物業資產也沒有的話，其他所有有關資金調動或甚麼投資也是空想空談了。

🏠 *4.2* 投資物業不能存在的負面心態

避免「見過鬼怕黑」的心態。

我常常遇到很多朋友，他們會因之前在樓宇買賣中損手離場，而出現了「一朝被蛇咬，十年怕井繩」的情況。因為那一次的「損手」經歷，他們以後都不想再買樓，或是變得非常小心。

實際上很多時候，投資者在物業投資上會損手離場，是因為他們在下決定要買樓時，欠缺物業買賣的知識。甚至可以說，他們其實對樓宇買賣、投資等一竅不通，更分不清心儀的物業到底是不是一個優質單位，便入市買樓，難怪會蝕錢蝕得臉都白了而離場呀！

避免太執著的心態。

另一方面，我也看過很多朋友因為太過執著，而放過了大好投資機會的情況。這些朋友有著不同形式的執著，例如太執著於某區、某單位、某個特定價格種種，這使他們錯過很多機會。

我有一位朋友 Chris，他曾經很勤力地去找合適的樓盤，過了一整年，他總算下定決心，想要購入那一個他心儀的單位。問題便來了，Chris 看中了一個心儀單位，這並不是問題，關鍵是他只看中了那一個單位，非它不可。

而這一個特別的心儀單位，卻比他心目中的理想價格，高出了一點。所以 Chris 便等呀等，希望這個單位能回落到他的心儀價位。結果一年下來，這個單位不但沒有回落到他的心儀價位，更上漲了 20%。

後來，Chris 知道了我的物業買賣投資課堂，並來了上課。然後他只用了兩個星期，便買入了一個物業作投資之用，現在已經轉手獲利。

其實 Chris 各方面的條件之前都已經完全預備好，可以買樓投資，但就是他的執著讓他遲遲沒有行動。從這個例子可以見到，我們要從物業投資中得利，便需要依靠數字和計算來作決定，而不能讓太多主觀的情感拖後腳。

親愛的讀者朋友，你看到嗎？當你存在太執著的心態，便會困住自己，錯失很多的投資良機。

⌂ *4.3* 我在投資生涯曾遇到的問題

前文講到 2013 年我和朋友一起組了個「投資三人組」，
當時我們主要以購買住宅物業為主。

但問題便來了，當時的政府有一條打擊樓市的「辣招」，
如果買入的住宅單位在 3 年內再次賣出，投資者便需要付
一個叫 SSD 的稅（Special Stamp Duty，額外印花稅）。

SSD，主要應用於住宅上，工商單位則不用付這筆稅。於
是，我們投資三人組便開始討論之後要不要更改投資方
向，轉攻工商單位。

想到了，就決定試一下。當時我們選擇了「低買高賣」的
投資策略，希望在買入單位後，能在一年內再賣出。誰知
道，當年的市況竟然是有價無市，我們一直賣不出那個工
商單位。

也因為這次的投資問題，我留意到原來在香港的物業市
場，住宅單位跟工商單位的需求根本不能比較。從統計數
字上來說，住宅單位和工商單位的買賣成交數量，相差了
10 倍之多。同時段的住宅成交單數有 6,000 至 8,000 宗，
但工商樓宇的成交單數卻只有 600 至 800 宗。

第四章

看到這裡，也許你會說：「不會吧，做生意的人數應該不止那麼少呀！」

對！但正如我在一開頭說過的，中國人有一種根深蒂固的想法——自己住的房子，當然要是自己的呀！

但相反，如果對方是經營生意的，則不一定會買下來了。因為做生意講求現金流，很少會有初起步的生意要「買鋪」。大家可以想一想，平常聽到朋友又或是他人在談論開展新生意時，是不是大都以租寫字樓、租鋪位為主呢？

那誰才是工商物業的主流買家呢？

投資者！工商物業的買家，大都是投資者，而我也曾說過作為賣家，我更喜歡賣給用家，為甚麼？

投資者的特性是甚麼？就是不被個人情感或期望所影響，只單看數字。這些投資者都很懂得計算，也很沉得住氣，大多數都是細心考慮一段時間才會作出購入行動。

結果，這一趟的工商物業投資，我們「睇樓三人組」花了2年時間之久，才將這個物業賣出。實際持有時間比預期

長了一年，賣出價格也沒有想像中理想。到最後，雖然還是賺錢，但與我們其他的物業投資相比，在回報率及時間管理上可以說都遠遠不如。

分享完自己的經歷，我希望你可以明白以下兩點：

1. 不同的物業在同樣的市況下，需求都會有所不同，站在投資者的角度來說，當然要尋找升值潛力最大、抗跌能力最大的樓盤。

2. 當時我是第一次投資工商物業，而對這個市場的了解不夠透徹，是以回報也沒有那麼大。但在這次經驗後，我沒有放棄，而是從中了解自己的不足，再去學習。

2016 年，我並沒有因為第一次投資工商物業的結果而感到灰心。在經過了一番研究和計算後，我再次投資工商物業，等了 3 年，這次的回報是 46%，還算可以。

4.4 投資物業的策略總結

說完了一些不同的睇樓心得，希望你能從中得益，現在我們來一個角色扮演吧。

假設你現在想要投資物業，那你去睇樓時，會想到哪些細節需要留意？你會想到要留意以下的情況嗎？

1. 樓宇單位的地段

2. 單位的座向

3. 價錢、裝修及實際呎數的大小

4. 單位裡面及外圍的實際情況

5. 買下來後，這個單位要如何裝修

6. 水電煤、管理費、差餉、地租

7. 該地區的交通設施、周圍環境的配套

8. 此樓宇的地區發展、政府的政策等等

以上我提到的，都是一些不管你是買樓自住，還是投資都要注意的。而自住的朋友要留意的事便會更多，例如家庭成員的喜好、單位的方位，或者有可能涉及到風水事宜等等。

如果你想投資，我希望你能時刻提醒自己，在睇樓時一定要把自己的喜好抽離出來。不要讓你的情緒、喜好、眼光來影響你，一切都要從回報出發：

> 1. 此類單位容易出租嗎？
> 2. 甚麼住客會想要租這個單位？
> 3. 住客會需要甚麼？
> 4. 再轉手賣出時，甚麼人會接貨？

例如在睇樓的過程中看上了一個單位，從這個單位的露台看出去，能看見一個美麗又開揚的景觀，你十分喜歡，感覺心曠神怡。所以你對這個單位非常感興趣。我希望你在這剎那間，能停下來想一想，當你買了這個單位以後，你會面對的潛在租客或買家會不會和你一樣，因為這個美麗景觀，而會想租或買這個單位呢？

另一方面，也不要太被地產中介人的意見所影響，你需要時刻保持冷靜客觀，單以分析這個單位能否獲得優厚的回報為大前提。

說到這裡，讓我們以一個例子來結束這一章吧。

有一位曾經上過我的物業投資課的黃小姐，在一次睇樓的過程中，她曾看過一個二手樓的單位，裡面佈滿了垃圾和雜物，堆起來足足有一個小山丘那麼高，簡直可以稱之為「恐怖垃圾屋」。屋內除了垃圾，其廚房的破爛程度亦十分之高，洗手間的污糟程度簡直為之一絕。

當時，地產中介人跟她說，這個單位放租差不多已有一兩個月，連地產中介人都不敢帶任何人或潛在買家到該單位去睇樓，因為單位實在太可怕了。地產中介人深怕這樣的樓宇單位會得罪了客人，並被投訴：「如此又破又多垃圾的屋也帶領客人去參看！」

當時，黃小姐已經上完了我的物業投資課程，她已經學會了一些買樓策略及貼士。所以她大著膽子跟地產中介人說，她不想只看相片，她願意親身跟地產中介人去看一次單位。

到了單位後，黃小姐以一種客觀又冷靜的態度去觀察這個充滿垃圾的單位。分析過後，她發現這樣的樓宇單位，正因為它的情況不理想，才是最好的入市良機，而因為情況太差，所以這才是一個可以去討價還價的好時機。當時她是這樣和業主說的：「情況這般差的單位，我還需要花上大量金錢去重新裝修及保養這層樓，業主你是否應該調低售價呢？」

如是經過幾次的來來回回、討價還價的過程後，最後黃小姐以低於市價 21% 購入了這個單位。

這個活生生的例子是發生於 2015 年的九龍區，因為整間屋內的垃圾實在太多，連搬運工人都不願意去清潔。結果，黃小姐只能請一些南亞裔人士搬走了那些大型垃圾，然後再和家人慢慢清理殘局。

清走所有垃圾之後，她隨即就安排裝修工人到那個單位作簡潔的裝修，當時也沒有花費她太多裝修費。到最後，黃小姐以 200 萬成功購入此單位，後來也找到一個不錯的租客去租住，這也完成了她一直想買樓收租投資獲利回報的心願了。

從黃小姐的例子可見，在睇樓及買樓後，有很多東西需要我們去注意。我們需要做的，就是多留意自己所用的策略，並細心觀察市場上的價格及潛伏的危機，這樣投資回報的最後目標必定可達到。

佈滿垃圾和雜物的「恐怖垃圾屋」。

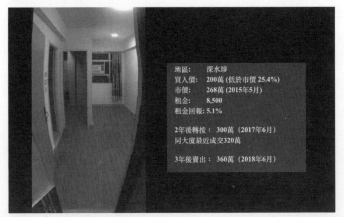

地區：　　深水埗
買入價：　200萬 (低於市價 25.4%)
市價：　　268萬 (2015年5月)
租金：　　8,500
租金回報: 5.1%

2年後轉按： 300萬（2017年6月）
同大廈最近成交320萬

3年後賣出： 360萬（2018年6月）

清走垃圾及裝修後的單位情況。

這麼多年來我發現，很多時候準買家抱著的買樓心態可謂是千花百門，其中有很多買家會投訴單位漏水，怕購入物業後需要付出很多的維修費。

但是亦有些人，他們會抱著「大膽還價」的心態，使得「低買高賣」的情況發生，從中取得利益。當然，如果讀者朋友想要透過裝修這個切入點來和業主議價，便需要好好的學習與裝修有關的知識了。

有些裝修看似很好，卻漏洞處處；有些單位看似需要大裝，卻其實只需簡單的裝修一下便成了。

說到這裡，我不是想要鼓勵你看見情況不太好的物業便兩眼發光，衝上前去買。我想說的是，當你對物業市場熟悉，對後續的裝修市場了解，你便能冷靜地找出在市場上性價比高的物業了。就像黃小姐，她在睇樓時便已準確算出需要多少錢才能把這個單位裝修好並從中獲利。

買樓投資和做生意其實不多不少都有些相似的地方，你想想，一般做老闆的，多半都抱著多勞多得的心態，同時他們在遇上問題時，都傾向於解決問題，也很會議價。一個

成功的老闆，對著客人，他能好好地為他們解決問題；對著同事，他又能好好的帶領他們成長，教會他們成功賣出商品，並從中得益。

我自己的個性就是喜歡分析、解決問題，從不同的個案及經驗中分析和學習。然後成功想出一個方法時，我很享受那種成就感。這也是我為甚麼喜歡買二手樓的其中一個大原因。

一手樓，發展商通常都已經準備好樓宇應有的配套，也因為發展商已經為你做好了差不多所有的事，價錢通常都是已經確定落實了。買家其實沒有空間可以發揮讓對方調低價格；但是購買二手樓的話，對投資者來說，便有很大的發揮空間，因為每一個單位、每一位業主、每一位地產中介人，都是不同的。

正因為如此，作為投資者的我們，才能得到足夠的空間來發揮我們的投資眼光和技巧。

第四章

第五章：

購買物業流程

🏛 *5.1* 合約簽訂

香港的物業成交，大都離不開這幾個步驟：

第一步：你決定要買樓。然後你要做的便是以下幾項（這個階段可以很久，直到你把一切都預備好了）：

1. 細心挑選及尋找出一個適合自己將來用作投資的物業單位。

2. 挑選時，記得要不斷的提醒自己要注意這單位是用作投資而並非作自住之用。

3. 預備好自己手頭上能調動的資金，和做按揭要用的文件。

第二步：看中樓宇，選好了決定要買後，把按揭文件、資金也都預備好，一切沒問題，便可以進入第三步了。

第三步：當你決定了要購買那樓宇單位後，要準備簽署臨時樓宇買賣合約，就是 Preliminary 的 S&P 文件（Sale & Purchase Agreement）及預備好有關金額的細訂（通常約為樓價的 3-5%）。

第四步：簽定正式買賣合約並且付「大訂」，通常要付的金錢就是那單位樓價的 5-7% 左右，視乎買家在簽臨時買賣合約時，一共付了多少「細訂」。總的來說，細訂加上大訂，合起來約為樓價的 10%。

第五步：從簽署正式買賣合約到確實的成交期，通常會有大約 45 至 60 天的成交期。到成交期的最後一日就要給付樓宇單位 90% 的尾數，之後要做的工夫就是要將樓宇單位的擁有權轉到自己名下所有，成為一份法律生效的契約。

以上的流程，聽起來好像很簡單，但實際操作起來，還是有很多要小心留意的地方。

要隨著市場情況定下適當的條件

很多朋友都不知道，臨時買賣合約上的條款原來都是可加可減的，而我們其實應該按照市場的情況而定下合適的條件。

正如 2020 年 12 月，爆發了第四波新冠肺炎，我便一直在我的網站上叫各位準買家最好在成交期上預長一點，從 45 至 60 天，改成 3 個月。

為甚麼呢？因為在現時疫情爆發的情況下，各政府部門以及銀行、各大公司都可能處於半運作狀態，買家在申請按揭時，便很可能要面對以下問題：

1. 銀行因為在 work from home 而來不及批出按揭。

2. 買家在申請按揭時，被銀行要求補文件，可能會因為政府部門，例如稅務局不開門，又或是

從前工作的公司因為 work from home，而拿不到 working reference。

3. 2020 年 12 月時，只要是超過六成的按揭，都需要通過按揭保險公司申請，故需時更久，讓買家未能在成交期內獲批按揭。

以上種種原因，都有可能讓買家未能在成交期前批出按揭。故此，大家在簽樓宇買賣合約時，應該因應自己的情況與賣家溝通，希望能簽下一個長一點的成交期。

另外，樓宇買賣合約上的條款，除了可以進行時間上的更改，也可以加一些適時的條款。就像現時疫情爆發的情況下，買賣雙方也應該在樓宇買賣合約上，寫下一些在疫情下能加強雙方保障的條款。例如：

1. 列明如買家或賣家因為在成交期內不幸染上新冠肺炎或被強制檢疫而須被迫隔離，引致未能完成買賣手續，例如申請按揭、簽轉讓契等等，成交期便需要自動延長至被檢疫方完成隔離而能辦完所需相關手續為止。

2. 列明如買賣雙方的代表律師樓因為有員工／辦工大樓染上新冠肺炎而被迫整間律師樓隔離及不能正常運作，引致交易未能成功如期進行的話，成交期也能自動延期。

3. 否則，不管是因為銀行／政府機構／買賣雙方／雙方律師樓代表，引致買方或賣方未能成功履行交易的話，對方都能要求賠償。

也許你會說，文件可以找代理人簽署，這樣的話即使被強制隔離，也應該能順利成交。

但即使文件能成功簽署，按揭也成功批下來了，但問題是，要完成按揭申請，其中一步便是要買家先在銀行開戶口，這樣才能讓按揭的款項成功的過戶，這個平常看似很輕鬆尋常的步驟，在買家被迫隔離時，又怎能完成呢？

再退一萬步，買樓這樣的人生大事，我們應該存著「不怕一萬，只怕萬一」的心態來處理，這樣才能減低風險的產生。不然的話，因為疫情而被迫成為中止合約的一方，賠償起來可以說是欲哭無淚。

另外，我相信正常的情況下，除了那些本身擁有非凡實力的買家，大部分朋友在買樓時，應該都希望能做多一點按揭，也就是希望買樓的大部分金錢，都是由銀行借貸提供的，這樣自己的現金流便不會那麼緊張了。

倘若我們要依靠銀行貸款來買樓的話，便要做好預備，預留足夠的時間把申請按揭所需要的文件都準備好。千萬不要讓自己成為「不能完成合約」的那一方，這樣的情況也就是了我們俗稱的「撻訂」。

你知道「撻訂」的後果是甚麼嗎？這可不是單單付出的訂金沒了那麼簡單！

舉個例子，以 1,000 萬成交價的物業來說，如果是買家「撻訂」，買家所繳付的 100 萬大訂，便會全歸賣家所有，賣家甚至能向買家追討因為這段時間未能成交而導致的所有損失，例如買賣雙方在交易期間的所有開支，例如地產中介人的佣金、律師費等等。

如果是賣家未能成功履行交易的話，賣家便有機會被買家要求「賠訂」，除了退回所收的所有訂金之外，甚至更會被買家要求與訂金相同數量的賠償金，還有因未能成交而導致買家損失的差價。簡單點說，便是賣家要退回 100 萬，還要再賠買家 100 萬。當然，也有可能被要求強行成交。

所以大家千萬不要讓自己去到「撻訂」那一步。

說到這裡，我們便需要說一說與買樓息息相關的按揭了。

🏛 *5.2* **按揭申請**

按揭是物業買賣中，非常重要的一環。重要到如果你沒有預備好這一環，即使你能找到一個「平、靚、正」的優質單位，都會因為你在按揭上沒有預備好，眼巴巴的看著機會流失，甚至損手離場。

為甚麼？我相信大部分朋友，都是需要通過申請按揭才能買樓的，能一筆過付清樓價的朋友應該不多，即使有，也很有可能不會看這本書。

所以，容許我做一個大膽的假設，假設每位買樓的朋友都需要做按揭，而我以下所寫的部分，也是建基於按揭很重要的情況下寫的。

甚麼是按揭？

當我們買賣物業時，不管是自住也好，投資都好，因為自己的資金不足，買家在購入物業時便需申請按揭，即是以物業作為抵押品，向銀行或財務機構借貸，來支付物業的成交價。

在這種情況下，業主成為借款人，他有責任按時償還物業貸款及利息，否則銀行或財務機構，也就是應承按人有權收回物業，以償還債務。

一般而言，坊間提及的按揭都是指由銀行或財務機構為業主提供的購買私人樓宇的按揭計劃。不同的財務機構推出的按揭計劃，也會有不同的借貸成數、還款期、利率以及優惠回贈等因素。購入政府物業也會有相關的特定計劃，但在這裡我們先暫且不提。

就我在教授投資物業課程時所見，普遍的按揭申請者，也就是業主或借款人，都希望能儘量借到高成數的按揭，以減輕在購入物業時的財務負擔。但當然，也有個別資金較充裕的投資者會比較傾向於「多付首期，少借貸」以減低利息支出。

但無論如何，需要申請按揭，便應事先預備好一應相關文件，並確保自己能成功通過按揭申請，這樣才買樓會比較安全。

按揭成數

先說按揭成數吧，假設申請人買了一間價值 1,000 萬的物業，他到底能申請多少錢的按揭呢？如果銀行批出了七成，也就是銀行將會在物業成交時替他付 700 萬，而業主則只需要支付 300 萬。

銀行或財務公司在決定批出多少按揭成數時，會根據以下幾種因素來決定：

1. 物業的估價
2. 借款人的財務狀況
3. 物業類型（例如唐樓、洋樓、村屋、工商物業）
4. 政府的政策
5. 已制定最高貸款比例（即按揭成數上限）

現時的政府政策是首次置業人士最多可做到九成按揭，非首次置業人士最多則可做到八成按揭。問題便來了，到底甚麼是首次置業人士和非首次置業人士呢？

首次置業人士：

1) 借款人於申請時並未持有任何香港住宅物業。

a) 供款人，也就是業主，必須為「首置人士」，但放心你不需要是第一次買樓才能被歸納成首次置業人士，只要你在申請按揭時，未持有任何本地的住宅物業，都有資格被歸納為首次置業人士。

b) 如果你是「樓換樓」的情況，也就是你賣出原有物業再買入新物業，只要你在買入新樓時，舊有物業已成交，即便只相隔一天，你亦會被歸納成首次置業人士。

c) 如借款人在申請首次置業九成按揭時，他擁有非住宅物業，如車位、工廈單位等，只要名下無任何住宅物業，亦算是首置。

2) 申請人須為固定受薪人士。

a) 九成按揭的申請人須為固定受薪,一般情況下,薪酬亦須主要源自本地。

b) 如果薪酬主要是以佣金或現金形式發放(即自僱人士或收入不固定人士),而底薪不足,最高只可借八成按揭,與非首置人士一樣。

c) 如果收入來自海外,申請人須證明與香港有緊密連繫,如受聘於本地僱主,或有直系親屬現於本港定居,或有機會借到九成按揭。

3) 供款與入息比率供款不可超過申請者個人或家庭入息的 50%。

a) 首置人士借九成按揭,供款必須低於個人或家庭入息的 50%,這是基本要求。

b) 在計算入息時,除借款人的底薪外,如借款人有花紅、雙糧等類似福利,只要僱傭合約有寫明,而申請人過去亦有就此報稅,亦可計進入息,通常以 2 年平均數計。

非首次置業人士：

1) 第一次買樓也未必一定是首次置業人士。

   a) 想要申請八至九成按揭，必須要通過按揭保險公司，而按揭保險公司對於首次置業按揭的定義，和政府對首置印花稅的定義大不同，即使申請人沒有任何住宅物業，但如果他們在申請時同時背負著非住宅物業按揭，例如汽車貸款等，都會被當成是非首置人士。

2) 自僱或收入不固定人士，即使是首次置業，最高也只能做到八成按揭（例如保險經紀、的士司機、推銷員等等）。

3) 購入物業給未持有物業的家人居住。

   a) 想要申請九成按揭，購入物業必須為自住。若買家是首置但並非自住，而是給直系親屬居住，即使該直系親屬名下並沒住宅物業，借款人最多也只能做到八成按揭。

   b) 直系親屬需要出示證明文件，例如出世紙。

故此，借款人想要申請九成按揭的話，必須事先了解情楚自己能否被歸類為首次置業人士。

前文提及，銀行在審核按揭時，其中一個考慮因素就是個人的還款能力。而隨著經濟環境、政治局勢的動盪，銀行在審批按揭時，也會按情況收緊或放鬆限制。以筆者寫這本書的時間為例，即 2020 年 12 月，因為新冠肺炎疫情的影響，全球經濟前景不明朗，導致香港各個銀行收緊銀根，因此批出按揭也會比過去更嚴格。

但整體上來說，我們在申請按揭時，需要提供以下文件：

> 1. 最近 3 至 6 個月的糧單
> 2. 最近 3 至 6 個月的銀行月結單
> 3. 最近 3 至 6 個月的強積金紀錄
> 4. 最近 1 年的稅單
> 5. 最近 3 個月內的住址證明

請注意，以上的文件並非完全不變，銀行可按情況要求申請人提供更多文件，例如受僱不超過 1 年者，除了現時的合約，更有可能被要求提交上一份工作的證明文件。

不管怎樣，我也希望你要記著：

在申請按揭時，一定要用心、認真、嚴謹地準備你的申請文件，儘可能預備更多，不能抱著「沒事的，船到橋頭自然直」的心態隨隨便便去預備。

申請按揭文件存在的變數

舉一個發生在近期的例子，我認識的一位朋友在申請按揭時，因為銀行發現他受僱期不超過 1 年，故需要他提供上一份工作的工作證明，才能批出按揭。但問題是，他在按揭申請批核期間，又遇上了疫情反覆的時段，政府和各大企業也紛紛響應 work from home 的政策。

而他的舊公司因為 work from home，遲遲未能把工作證明發給他，雖然最後在各種催促之下，他總算在快要成交

時拿到工作證明，銀行也在成交期前批出了按揭。但在等那封工作證明的日子裡，我可是見證著他每天都處於極度煎熬的狀態。

同樣，在收入證明方面，也存在著很多變數，3 至 6 個月只是最基本的，有需要的話，銀行甚至可能要求申請人拿出 2 年的收入證明。例如銀行看見申請人收入並不穩定的話，會要求申請人把過去 2 年的稅單和收入證明都交上來，用以計算平均數。如申請人未能提交的話，銀行當然也不會批出按揭。

另外，若銀行對申請人的收入文件存有疑問，亦有可能隨時要求申請人補交文件。

這裡我再舉一個例子，Joe 是我認識的一個朋友，他在一間小公司工作，公司出糧並非以自動轉賬出糧形式（每月從公司戶口自動定期轉數給員工，並能在月結單上看到「salary」的註解），而是老闆每月出支票或從銀行戶口轉賬給員工。

Joe 在申請銀行按揭時，便曾經被要求出示公司發出的證明文件，證明他的出糧紀錄是正確的。當時他有點掉以輕心，覺得沒有大問題，在文件上不需要太執著。結果在找公司發出的證明文件時，公司所寫的資料出錯了，與他給銀行的月結單無法對應。結果因為這件事，Joe 的按揭申請被銀行否決了，最後弄出了一個爛攤子。

再說一個例子吧，這次的買家是一位有著「鐵飯碗」的人，他覺得自己一定能申請到銀行按揭，但因為文件上的缺失，到了成交期前 2 個星期左右，銀行否決了他的按揭申請。在極短的時間內，他只能冒險去所謂的高息財務公司作貸款。最後在成功轉按前，他過上了一段極辛苦、壓力極大的生活。

這些極度危險又「踩鋼線」的行動，我是絕對不贊成的。你想想，如果他們能早一點預備好一些文件，找一位有經驗又熟悉市況的專業人士來替他查看自己的按揭申請文件，並在整個申請按揭過程中上心一點，他便能成功申請按揭，避過那一段既辛苦又後悔的日子。

所以我常常和我的學生說，在買樓前一定要先把自己財務管理、按揭文件預備好。不然的話，真的讓你遇上了優質樓盤，你也買不到。更甚者，買不到那個優質單位不止，還要賠出去一大筆錢，可以說是得不償失。

非本地收入人士

在上文我曾說過，有固定收入的首次置業人士能申請到九成按揭，但留意，不是每一位有固定收入的人士都能申請到九成按揭的。

如果申請人的非本地收入佔他總收入的比例超過 50%，而按揭申請人在香港亦沒有直系親屬的住址姓名，按揭成數便要扣減一成。

而如果申請人的收入是非本地收入，例如他是在中國大陸出糧，或是在海外出糧的，都是做不到例如八成或九成的高成數按揭。當然，這個例子也有例外，如果申請人能證明自己是受僱於香港公司，只是被派往海外工作，也有可能被計算成本地收入。

可是在這種情況下，因為想要申請高成數按揭，即是八成按揭或九成按揭，其中一個要求是自住。因此 HKMC 按揭保險公司在審核其按揭申請時，也會考慮工作地點是否就近香港。

如果申請人的工作地點與香港距離很遠，便會出現一個問題，HKMC 有可能質疑業主買入這個住宅並不是用作自住，從而不批。但倘若申請人聲稱該單位是與家人同住，HKMC 便會懷疑為甚麼業主不是那位居住在這個房子的家人而是申請人，因此大家需要留意！

租金收入

另一方面，其實租金收入也能計算進入息供款比率（DSR）及壓力測試，但要打七折。如租約沒有打釐印的話，有些銀行更會打六折。

除此以外，還要看租約的時期。如果租約在按揭提款前完約，有些銀行便會不再計算在內直至業主和租客簽新租約，當然都有些銀行可以計。

如果是海外物業的話，有些銀行便不能計算為入息了，即使有些能計，都同樣要打七折。這點就要看當時的銀行政策了。

擔保人的問題

如果申請人的個人還款能力不足以通過「供款與入息比例不能超過五成」這個規定的話，銀行便不能批足按揭成數，以致申請人需要交付更多的現金。為了避免這種情況出現，借款申請人可在申請按揭時，增加擔保人。

在這種情況下，借款申請人便必須詳細了解擔保人的財政狀況，因為銀行在審批按揭時，是會以申請人同樣的標準去審核擔保人的財政狀況。

說到這裡，就讓我再拋一個例子，我有一位朋友叫 Paul，他在申請按揭時，知道單以自己的入息應該未能成功申請到想要的按揭成數，故此他邀請了自己的好朋友做擔保人。這位朋友的入息很高，每個月差不多有 10 萬元的收

入，當時 Paul 覺得邀請到一位月薪這麼高，又是固定收入的朋友作擔保人，應該沒問題了。

結果在申請按揭時，銀行卻查出 Paul 的擔保人原來也有很多債務在身，例如信用卡債務、私人貸款等等。雖然這位朋友收入高，但債務供款也不少，因此 Paul 在申請按揭時，雖然加了這位擔保人，卻仍未能成功獲得批核。

說完怎樣預備好按揭文件和一些要注意的事項，下一篇文章我們會來說一下，大家在申請按揭時可能遇到的陷阱！

🏛 *5.3* 按揭陷阱案例

例子 1：呼吸 Plan

相信大家在前文也看到我提及過全球經濟不明朗，銀行會相對收緊按揭批核。在兩者的雙重打擊下，地產發展商為了推廣自己銷售的新盤，便有可能推出「呼吸 plan」。

甚麼是「呼吸 plan」呢？

簡單來說，「呼吸 plan」其實就是由物業發展商以「包搞掂按揭」作招徠顧客的手段之一，意思為：你只要有呼吸，就能借到錢。基本上即使買家沒有入息證明，抑或是入息證明不足以通過壓力測試也能做按揭，也能買到樓、上到車。

收入不足到底怎樣才能做按揭呢？正常來說，入息證明不足，通過不了壓力測試，銀行和按揭保險公司是不會批按揭給你的。但呼吸 plan 當中借錢給買家的並不是銀行，而是由發展商旗下的財務公司審批和借貸。

過去數年樓市節節上升，結果政府於 2015 年也相對地收緊了按揭政策：

　　‧樓價高於 700 萬的話，便只能做到六成按揭。
　　‧超過 1,000 萬的物業，更只能做到五成按揭。

那樓價高於 700 萬，甚至 1,000 萬的話，對於沒有足夠首期的買家來說，怎麼辦呢？

發展商當然希望能把物業賣得愈貴愈好。於是他們想出了一個「曲線救國、兩全其美」的方法，那就是「呼吸 plan」。為甚麼要特地強調「兩全其美」呢？因為對發展商而言，真的是兩種好處都佔盡了！

我們在這兒先看看呼吸 plan 的運作模式：

　　‧發展商推出新樓盤，價格高於 700 萬或 1,000 萬，
　　　即買家只能做到六成或五成按揭。

　　‧買家因為未能做到按揭而卻步。

第五章

- 發展商乘機推銷呼吸 plan，稱其首兩三年的供款非常輕鬆，甚至還息不還本。過了蜜月期後，業主只需將計劃轉至其他銀行或財務機構，便能再享低息。

- 3 年後，業主想要轉按，但因為樓宇價值超過 700 或 1,000 萬，而該物業又未能在 3 年內升至業主能轉走做五成或六成按揭的價位，以致其他銀行或財務機構無法借足，業主被迫面對高息。

- 最後贏家是發展商，賣了樓，收了息，還能再一直收高息下去。

- 可憐業主最後只能硬生生面對高息，甚至蝕讓離場。

過去數年，「呼吸 plan」臭名遠播，是以發展商是不會告訴你這就是「呼吸 plan」的，而是需要你從種種線索中發掘出來。

讀者朋友們，其實先前你也看到與一手樓相比，我更傾向於二手樓。但倘若你真的十分心儀一個一手樓的樓盤，請你務必看清楚那個看似十分吸引的按揭計劃，是不是真的這麼吸引。

假設你真的透過發展商提供的按揭計劃購入了該單位，並做了市場上做不到的按揭成數，那麼你一定要看清楚蜜月期後，你的按揭計劃是否仍然這麼優惠。

如若不然，你又是否能在蜜月期後轉按至其他計劃？如果蜜月期後，樓價不能升至理想價位，你又會如何？

我十分希望大家在買樓以前，先想清楚，不要衝動。

第五章

例子 2：不良按揭轉介

另一樣我想大家留意的，是**按揭轉介**。

市面上有很多按揭轉介公司會以「為按揭申請人尋找最低利息、最高回贈、最快最易批核的銀行」來吸引顧客，故用家找這些按揭轉介公司時，需要非常小心，因為市面上的按揭轉介公司水準十分參差。

當你遇上好的按揭轉介公司，當然好；當你遇上一個不那麼專業的，便會很容易出事。因為按揭轉介公司並非銀行，他們只是中間人，幫助客人跟進。我見過一個例子：

客人把自己的資料交給按揭轉介公司後，便很放心的等待結果，因為他覺得按揭轉介公司的工作人員很專業。而自己為防出事，也特地安排了一個 2 個月左右的成交期，比平常的 45 天更長 2 個星期。

結果在成交期死線 2 個星期前，他覺得不對勁，便主動問按揭轉介公司，才知道要補文件，結果弄得他尤如熱鍋上的螞蟻。

後來在他的追查之下，才發現原來銀行早早便下了指引要申請人補文件，但負責的同事卻沒有看到，直到客戶查詢才後知後覺。

在這裡我想說，即使你找按揭轉介公司，也要找一間可靠的，最好是有朋友使用過的。以及找公司中有口碑的人經手處理。

不然到頭來，你找了一間本該可靠的公司來申請按揭，到最後卻反而成為拖累便不好了。而在申請按揭的過程中，你也應該要勤力點，多跟進一下。

有關按揭的資料，我便先說到這裡吧。我需要重複的是，如果你想要買樓，請先行理清自己的財務情況，並預備好所有的按揭文件，這是最重要的事，絕不能掉以輕心！

第六章：

投資香港本地樓市

6.1 影響香港樓市升跌的大數據

這一章主要覆蓋的，就是和大家相關的香港樓市走勢。

這麼多年以來，很多朋友都以為香港樓市的走勢是取決於供應與需求（Supply and Demand），而香港地少人多，加上人口膨脹，故樓價才會不斷上升。

但實際上並不只是如此，真正影響香港樓市走勢的原因可以分為**大數據**和**微數據**。

本文將先分析影響香港樓市升跌的大數據。

通貨膨脹

首先，物業除了是投資工具以外，它的本質其實是一種必需品。所有人都需要有樓住，當你看見樓價不斷上升的時候，其實背地裡反映出的資訊就是我們現在正在面對的通貨膨脹。

貨幣的購買力下降，必需品的價格便會持續攀升，也成為了房地產價格上升的助力。

下圖所顯示的，是香港歷年來的通脹指數與中原城市指數（CCI）的關係，可以看見通脹指數和樓價的走勢其實是十分相似的。

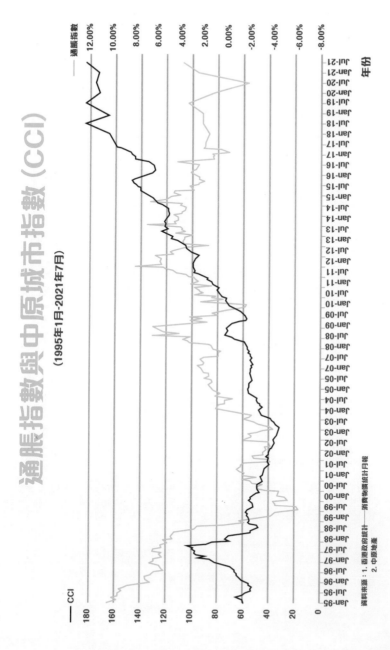

通脹指數與中原城市指數（CCI）

（1995年1月-2021年7月）

資料來源：1. 香港政府統計——消費物價統計月報
　　　　　2. 中原地產

第六章

家庭入息

另一樣會影響樓價的因素則是家庭入息，承接上文，房地產首先的作用是要讓人入住。而家庭入息則影響了市民到底可以花多少錢在房地產上。

如果家庭入息根本不足以買樓，那樓價當然沒有上升的空間，因為根本沒有需求。

那樓價是平還是貴？最近幾年，常常都聽到很多朋友說樓價很貴。但實際上，樓價並不能單單參考價錢來決定。

在我教授投資物業課程的時候，常常會用到一個叉燒飯的例子：在公司樓下吃一碗叉燒飯，要付 50 元。30 年前，一碗叉燒飯的售價是 5 元。在這 30 年，其實叉燒飯基本沒有變，唯一有可能變了一點的，就是分量少了一些。變化的，是銀紙的購買價值。

你覺得叉燒飯貴了的原因，是因為我們的銀紙貶值了。銀紙貶值，令到叉燒飯的價錢貴了 10 倍。

回到房地產市場上，以現時的太古城賣盤為例，可能 1,000 萬已經能夠入場，30 年前太古城第一個單位售價大約是 50 萬。也就是說這個單位在這 30 年來，升值了 20 倍。

那這個太古城單位貴不貴呢？當一個叉燒飯都漲價了 10 倍的時候，一個有投資價值又能為業主帶來租金回報的單位，只是升了 20 倍，這樣算起來，太古城似乎也不算是太貴了。

所以樓價是平或貴，其實不能單看價錢，更需要看 Affordability，也就是供樓的負擔能力。

從上文能看出，供樓的負擔能力其實就是：**按揭供款金額與入息比例。**

按揭供款金額與入息比率——私人樓宇

比率

120.0%

110.0%

100.0%

90.0%

80.0%

70.0%

60.0%

50.0%

40.0%

30.0%

20.0%

10.0%

0.0%

不太能負擔得起 ← → 更加能負擔得起

年份

9401 9501 9601 9701 9801 9901 0001 0101 0201 0301 0401 0501 0601 0701 0801 0901 1001 1101 1201 1301 1401 1501 1601 1701 1801 1901 2001 2101

—— P按　—— HIBOR按

從上圖，你能夠看到樓價在 1997 年的時候是很貴的。當時的供樓負擔能力的比例達到了 110%，也就是說，假設一個人的月收入是 1 萬元，他卻要花 1 萬 1 千元在償還按揭上。在這種情況下，樓價便很貴了。

至於 2003 年的供樓負擔比例只有 20%，所以當時的樓價水平屬於非常平。

現時的供樓負擔比例是 60%，對我來說，這是屬於偏貴的情況。我自己定下的原則是，供樓負擔比例超過了 70% 便不會入市，因為偏貴。如果供樓負擔比例在七成以下，我認為絕對是可以尋找一些筍盤入市的。

所以如果有興趣想要投資入市的朋友，可以多留意供樓負擔比例這個數據，它其實反映了樓市到底是貴還是平。

第六章

6.2 影響香港樓市升跌的微數據

說完了大數據，接下來我想接著講的便是影響香港樓市升跌的一些本地數據，即微數據。

說到微數據，第一點要談的就是供應與需求。那我們可以在甚麼地方找到這些資料呢？

施政報告

香港每年的施政報告裡，都會有一欄是談及來年的房屋政策，大家只需要留意一些便能夠明白未來一年的樓市動向。

以 2019 年為例，施政報告當中提及到當年由私人發展商推出的首置單位只有 1,000 個，也能看到當中提及到放寬了按揭保險公司的樓價上限，但沒有提及有很多土地提供給發展商「起樓」。

新推出的單位少，再加上按揭保險的門檻下降，變相來說，也就是屬於樓市的利好因素。

新樓宇落成量

另一個影響樓市供應與需求的因素,則是**新樓宇落成量**。

2017 年單位落成量有 17,000 多個,2018 年的單位落成量則有 20,968 個。我還記得,2019 年初做資料搜集時,當時政府揚言預期推出的單位將會有 20,000 多個,但實際上只推出了 13,000 多個,預期推出的單位量和實際相差了差不多 7,000 多個單位,也就是三分一的差距。

所以大家在看資料時,記得要看實際的單位落成量,不要以政府的預期為準,因為中間會出現的折扣實在是有點太大了。

從右 P139 頁圖便能看見,其實單以私人住宅而論,每年平均需要的私人住宅單住是 26,000 個,但政府自從 2003 年開始,供給一直都非常少。多年積累下來的缺口,引致了現金樓市的供不應求,而這個問題是不能忽略的。

雖然最近一年來，由於疫情影響，經濟下滑，這對樓價有一定的影響，但我們也不能忽略現時供不應求的情況，其實比 2003 年嚴重很多。

住宅買賣 —— 樓宇買賣合約數目及總值

在預測樓市上，你也可以參考「住宅買賣 —— 樓宇買賣合約數目及總值」的數字。近 2 年其實我們的樓宇買賣成交也不算多，即是買到樓的人很少。

這意味著房屋的供應問題其實並未解決，市場上仍有一批人很需要買樓，故此供不應求的情況仍然存在。

私人住宅供應量

單位數目

40 000

35 000

30 000

26,000 units

25 000

20 000

18,000 units

15 000

10 000

5 000

0

年份

1985 1986 1987 1988 1989 1990 1991 1992 1993 1994 1995 1996 1997 1998 1999 2000 2001 2002 2003 2004 2005 2006 2007 2008 2009 2010 2011 2012 2013 2014 2015 2016 2017 2018 2019 2020 2021

34 105 34 375 34 470 36 485 29 900 33 380 26 222 27 673 34 173 22 621 19 675 18 202 22 278 35 322 25 100 26 262 34 035 26 307 26 236 16 579 10 471 8 776 7 157 9 449 10 149 8 254 13 405 15 719 11 296 14 696 17 784 20 968 14 386 13 643 20 888

29 875

資料來源：香港政府差餉物業估價署

第六章

參考鏈接：

1. 通脹：政府統計處—消費物價統計月報
   https://www.censtatd.gov.hk/tc/EIndexbySubject.html?pcode=B1060001&scode=270

2. 家庭入息收入：政府統計處—人口估計統計表
   https://www.censtatd.gov.hk/tc/EIndexbySubject.html?pcode=D5250035&scode=500

3. 供樓負擔比：中原地產—樓市分析—供接負擔比例
   http://hk.centanet.com/home/marketAnalysis.aspx

4. 供應、樓價、租金：
   a. 政府差餉物業估價署—香港物價報告
   https://www.rvd.gov.hk/tc/public_services/property_information.html#propertyreview

   b. 政府財政預算案
   https://www.budget.gov.hk/2019/chi/index.html

5. 樓價指數：中原城市指數
   https://hk.centanet.com/CCI/index

6.3 2022 年香港樓市分析

看完以上的資料，相信大家也大致了解什麼因素才能決定現在是不是一個入市良機。

今年（2022 年）因為疫情影響，引致失業率高企，而移民潮的出現也會壓抑樓市，但其實香港深層次的房屋問題根本未得到解決。事實上，通脹問題在疫情下也只會變得更嚴重。故此，我們也預期 2022 年樓市會平行，而疫情過後則會向上提。

不管如何，樓市一定會有下調的時候，那作為投資者和業主的我們，又應該如何自處呢？

以下是我們這麼多年以來積累的幾個經驗，防止大家被樓市下調影響而損手離場。

選擇購入防守性高的物業

在買樓前，我們已經要做好心理準備，清楚了解樓價不是只會直線上升，在我們持貨期間是一定會跌的，例如我在

2013 年買入物業，2016 跌價了，然後 2019 也跌價了。所以防守很重要。

有些物業的抗跌性比其他物業都強，所以我一般都會優先選擇抗跌性強的物業。

那怎樣選呢？在買樓前，我和學生們都會做好研究，選擇租金回報高的地區的物業。一般來說，這便是最好的防守，有需要時我們可將物業出租，令自己供樓的負擔下降。

提升自己

作為一個物業投資者，我非常建議把自己的物業裝修和裝飾的能力提升起來。

一則可以快速的在睇樓時計算出大約裝修費，從而快速的和業主議價；二則也能快速的因應市場的變化而改變自己物業的間隔、裝修、價錢，方便出租。

做好財務管理，學懂調節心態

我常常都強調要做好萬全的預備，希望你能事先確保自己有能力供樓以及應付物業相關開支，量力而為，不要勉強。這也是為甚麼我說分階段完成你的置業夢，先從「銀碼細」的樓盤開始。

另一方面，正如前文我一直提及的，要因應環境改變心態，放下自己的固執。在第一章開始，我便不斷強調要放下對樓型、屋苑甚至某一個特定地區的執念。在樓市回調時也要如此，例如要改變自己的想法：樓不是不可以賣，如有需要也可以賣出套現。

最近 2 年，因為香港局勢不穩定，有很多朋友都來問我海外投資物業的心得。事實上，我自己又真的做過很多海外物業的投資。只是作為一個香港和海外都投資過物業的投資者，我想勸大家一句：先從香港開始吧！

為甚麼呢？首先因為大家身處香港，對市場、物業的資訊，以及各方面的政策和規定都比較容易得到第一手的信息。

事實上，當你有看過我的前文便會發現，要成功找到一個性價比高的優質樓盤是有難度的，需要有策略，更需要很努力。投資海外物業，除了要靈活運用各種策略外，還要隔山買牛，面對兩地之間的文化差異，言語溝通上的困難，或者可能是當地政府實施了一些不同的樓宇買賣新政策，這些都可能令人感到十分苦惱。

但親愛的讀者，希望你不要誤會，我絕對不反對各位投資者進軍海外物業市場。相反，只要操控得好，投資海外市場也是一個分散風險的好辦法。因為我們的眼光擴闊了，而且會影響樓價的各方面因素改變了，我們就能找到更多賺取利潤的機會。

6.4 本地樓市的投資概念及手法

我的投資理念中，有兩個很重要的概念：

> 1. 財富增值（Capital Gain）
> 2. 現金流的流動性（Cash Flow）

當你明白現金流的重要性，並懂得將之靈活運用，你便會發現原來賺錢並不是那麼的困難。

FLIP 及 KEEP 的運用

前文我曾經提過，物業買賣投資有兩大策略：

> 1. Buy to Sell ── 簡單來說，就是利用低買高賣，從中賺取差價。
> 2. Buy to Rent ── 先購入物業，再放租出去。

Buy to Sell 又被稱為「FLIP」，而 Buy to Rent 則是「KEEP」的意思，兩者是不同的策略。

兩種策略在金錢上的流動及運用方式也是有不同的。Buy to Sell 是於一買一賣當中，獲得差額利潤，在金額上亦是可獲得較高回報的。

如果我們利用一般的金錢概念來計算的話，可以達至數十萬，甚至去到百多萬的利潤不等，所以與 Buy to Rent 相比，Buy to Sell 可以說是大茶飯。

至於 Buy to Rent 的回報，則視乎你手頭上有多少個物業。你擁有的物業在出租時，回報可能是一個月數千至一萬或數萬，與 Buy to Sell 對比起來，收益雖然少很多，但也相對穩定，而且現金流上的回報也來得比較快。當你每個月都能收到一定的租金時，便為你增加了現金流的流動性。

兩種投資策略，其實可以說是各有千秋，但好消息是，兩者其實是可以混合起來使用的。

例如從 2014 年起，香港有一些投資者開始收購舊式工業大廈，將之重新裝修為所謂的「劏房」，隨之就產生了多個個別的小型單位。就這樣，雖然個別租客付的租金減少，但因為租客人數大幅上升，這些業主便能收到很不錯的穩定收入。由此可見，他們運用了一個很不錯的 Buy to Rent 策略。

除此以外，他們還能受惠於 Buy to Sell 的好處。因為在業主把整幢買入的物業翻新裝修後，這幢樓宇在物業市場內也同步升值了。如果業主在物業升值的同時，把物業儘快售出，便能獲得 Buy to Sell 的低買高賣的利潤回報。

這些就是我說的其中一種 FLIP 與 KEEP 混合體，亦是香港近幾年所產生的普遍現象。所以，我們在此書也會教授大家如何能夠在同一時空下做到 FLIP 與 KEEP 的投資策略。

看到這裡，也許有些讀者會覺得整幢樓宇這個藍圖太「離地」，很難想像。那麼就容許我再舉一個例子吧，這次的主角是我的物業投資班的第一屆畢業生，Sally。

2014 年，Sally 買入了一個位於屯門區的單位，當時同類型的單位價值 260 萬元，而 Sally 用了 208 萬元便買入了這個單位，與市價相比便宜了約 20% 左右，可以說是非常超值。

當時，Sally 可以在銀行做到九成按揭，首期支付 20.8 萬元。其他開支例如釐印費、律師費、經紀佣金等等，總數加起來，她一共付了約 4.2 萬元。

然後我們來計算一下吧：

買入價
$208 萬

首期　$20.8 萬
其他開支　$4.2 萬

總支出　$25 萬

賣出價
$370 萬

償還銀行剩餘借貸　$177 萬

淨賺
$168 萬

= $370 萬 – $177 萬 – $20.8 萬 – $4.2 萬

留意，我們的計算永遠都是以實際得益為準，未賣出的物業可以算，但那也只是賬面上的數字而已。還記得我前文說過的，我投資工商單位時，未能在預期的時間內賣出，因為物業有價無市嘛！

所以說，我們還是計算實打實的利潤吧！

常常都聽見有朋友會這樣說：「再等等，再等等，等遲點，樓市再升高點才賣出去吧！」也就是希望能在樓市最頂峰時才出售物業。

結果呢？他們通常都是等呀等，等呀等，結果等來等去，也等不到那個所謂的好時機。回報呢？其實他們從未真正得到過任何回報。

果你希望成為一個成功的物業投資者，你便必須對數字十分敏感才行。我建議大家可以制定一個目標價給自己，買賣樓宇是一件對投資者來說消耗頗大的活動，當中涉及到一買一賣的時間、無數的精力及時間投放於計算、預備按揭、睇樓、談判以及做文件之上。

整個過程，中間可能需要半年甚至更多的時間，故此我通常會多預一些空間，例如以升值 30% 才出售為上策。

當我們的策略是是 FLIP，即低買高賣時，則用下列公式計算物業的升值比率：

$$升值比率 = \frac{（賣出價 - 買入價）}{買入價} \times 100\%$$

假設我們以 1,000 萬賣出了物業，而買入價是 800 萬的話，那物業的升值比率為：

$$\frac{（1{,}000 \, 萬 - 800 \, 萬）}{800 \, 萬} \times 100\% = 25\%$$

再假設我們買了一個 300 萬的單位，想利用 3 年時間等待樓價上升，上文也提及以升值 30% 才出售為上策，那我們需要等到物業升值到甚麼程度才賣出呢：

$$\frac{（賣出價 - 300 \, 萬）}{300 \, 萬} \times 100\% = 30\%$$

所以，賣出價 = 390 萬

如果我們當初是做九成按揭的話，那麼你當初只需付 10%
的「Down Payment」，即 30 萬，再配合跟銀行借款 270
萬。

於 3 年之後，因樓價上升而賣價順利可做到 390 萬。當整
個交易完成之後拿到的現金，亦能同時償還 270 萬銀行貸
款的一部分，剩餘的回報就是 120 萬了。

我相信大部分人都一定有興趣知道如何在 3 年內獲得約
120 萬的回報，不過這個當然是十分依賴閣下購買了一個
甚麼質素的單位。我也曾見過一些人，在這敏感的 3 年當
中失去了金錢而又得不到回報。

當我們的投資策略是 KEEP 的時，則用下列公式計算租金
回報率：

$$回報率 = \frac{每月租金 \times 12 \text{ 個月}}{買入價} \times 100\%$$

如果大家想了解租金的平均市價值，其實香港差餉物業估價署，每一年也會出版一個《香港物業報告》，而且每月也會公佈更新數據。現在香港租務市場平均大概是 2 至 2.5 厘的回報。

而我個人認為，理想的回報應該大概為 4% 左右，但是閣下要切記當你租出樓宇時，業主一樣也有一定的責任去承擔一些應有的風險及支出。例如：樓宇維修費、水電配套修理、供樓款項以及各種雜費。

是以在我們的角度來看，其實 4% 的回報也算是比較保守的估計。如果你的主要目標是放租單位的話，其實你應該要以 4% 為底線，能提供 4% 以上租金回報的樓宇才算是優質樓宇。

利用物業投資增加現金流

有時候，我發現很多朋友都會覺得買樓是一件會減少自身現金流的事情，但如果你能找到優質單位的話，買樓也會是一件能讓你增加現金流的事。

以下，我們就來看看 Ken 的例子：

2016 年，Ken 以 230 萬，買入了一個旺角的單位，當時他的購入價比市價便宜了 18%；他每個月大概需要使用 4,000 元去供這個單位。

一年後，他透過銀行得知當時單位的估價是 380 萬。於是他便向銀行申請加按，套現了 60 萬出來，每個月他需要付的供款是 6,700 元，但卻能收回 9,300 元的租金。

從而多了 60 萬的現金流。

這 60 萬的現金流若運作得宜的話,便能為 Ken 帶來更可觀的利潤,因為以物業按揭借貸的現金流,利息支出都比沒有按揭的貸款低。

從 Ken 的例子可以看見,只要操作得宜,其實買賣樓宇投資等事宜是可以增加現金流的。當然,在此以前,你除了需要對地產市場有足夠的了解,也要在自己的財務管理上做得很好。以 Ken 的例子來說,即使樓宇升值了,但如果他的賬做得很爛,便也無法從中得利了。

說到這裡,以香港的物業市場為例子的分享,也大致圓滿了。基本上,只要你把物業投資當作一個專業來經營,夠勤力,又具備足夠的知識、技巧,以及有足夠的資源(不單單是金錢上的資源,更多是相關專業的支持及人脈)。要從中得利,其實並不是一件非常難的事。

第七章：
進軍海外物業市場

7.1 海外投資的優勝之處

上文提及，我建議大家在進軍海外市場前，先好好在香港物業市場中練習一下，例如如何尋找優質物業、如何談價錢、如何和拍檔合作，以至申請按揭的文件預備等等，都需要無數的實戰和學習才能好好掌握。故此，先在我們熟悉的香港實習一下是非常有必要的。

但當你掌握了這些技巧和知識點以後，再進軍海外市場便是一個很好的選擇。

我相信，機會只留給預備好的人，所以我們需要事先學習和計劃好每一個海外投資的策略和步驟。同樣，當你具備了這些條件以後，機會也充斥在世界的每一個角落。

而海外投資更加是一個分散風險和能帶來優質回報的項目，有些項目甚至比香港的投資項目更優勝。

入場門檻低

外國特別是東南亞地區的物業市場，很多物業的售價都比香港低廉，故此對很多投資者來說，是一項非常吸引的選擇。

事實上，根據我們過往的投資項目，投資者往往只需要付出三四十萬，甚至零首期，便能參與一些外國的物業投資項目，實在是非常吸引。

法制不同，造就優質回報

因為不同國家的政策與法制不同，故此投資者只要選對了物業投資項目，並處理得宜的話，便有機會獲得極高的回報。

例如在購入物業並將其改建成酒店形式出租的項目上，某些國家的管制相對較為寬鬆，若有能力和預備妥當的投資者能好好操作，便能從中得利。

現金流上的優勢

上文提及，不同國家的法制不同，故能輕易造就優質回報，但這個情況其實也同樣適用於在申請按揭，以及買樓需要計劃的現金流上。

某些國家為了刺激經濟或樓市，其政府及銀行在按揭上的條款便會相對寬鬆，例如在英國買樓，投資者能選擇不同的按揭方案，例如息隨本減，亦可揀選供息不供本。

而選擇供息不供本的好處就是能讓投資者在買樓後的現金流不會大減，適合一些沒有打算長期持有物業，而是打算在數年內通過一買一賣賺取回報的投資者。

投資不同市場，分散風險

投資其他國家的物業市場也是風險管理的其中一種手法。抽走一部分資金，並投資於其他國家的物業市場，相對來說是把一籃子雞蛋放在不同的籃子裡，對投資者的好處是回報不再依靠單一市場的經濟，在某一市場出現不明朗因素時，也能從其他市場的物業投資賺取回報。

🏠 *7.2* 海外物業會面臨的問題

當然，有利必有弊。投資海外市場，我們也要面對不同的風險。

匯率影響

海外物業的投資回報全都以當地貨幣結算，所以當地貨幣與港元的匯價會直接影響你的置業成本及投資回報。買家需要承擔匯率可升可跌的風險，如果投資物業的所在地的匯價下跌，將收益兌換回港元時便會蝕匯價，投資回報也會被拖低。

手續、法規及隱藏事項

注意，在海外買樓其中一件事便是要了解當地的法規和各種注意事項。投資者在買入物業前，要緊記「各處鄉村各處例」這個原則。有很多時候，在香港覺得是必然不會發生的事情，在海外買樓時便有機會出現，故需多花時間了解當地的物業市場、法規以及各種手續。千萬不要以香港的經驗完全代入去海外買樓，以避免踏入隱藏事項的陷阱。

有需要時，除了參考發展商的資料，最好花一些時間和金錢去諮詢一些獨立的意見，例如熟悉當地法規的律師以及會計師的意見，以保障個人利益。

成本上升

在海外投資物業時，計算成本是十分重要的一件事，因為不同地方會有不同的稅制以及各種收費，這些都會直接影響投資者的回報。另一方面，如果投資物業是用作出租的話，因為投資者與物業不在同一城市，不能親自管理物業，如需要將物業委託給管理公司，管理公司的收費也會直接影響回報。

我也曾經見過一些因管理公司做得不好而引致物業受損的情況，這樣也會影響海外投資物業的回報。

承造按揭

當投資者在購入海外物業時，若需要申請按揭的話，通常有兩種做法：

1. 向香港的銀行申請按揭
2. 向物業所在地的銀行申請按揭

兩種按揭方式各有其利弊。值得留意的是，不同地區對按揭申請的審核和批出成數都有分別。如投資者傾向於向物業所在地的銀行申請貸款，便需要留意當地的按揭政策，以及按甚麼條件批出按揭。

有些國家對於非本地人的按揭申請審核標準可能會更加嚴謹，故此投資者在按揭方面需要更加留心，事先準備好各種文件和資料。

發展商的可信性

若投資者購入的物業是還未建成的新樓，也就是俗稱的「樓花」。因為還沒有實樓出現，興建過程中也存在變數，我們常常也聽到別人說：「購買海外物業，如隔山買牛。」故此，買家應儘量選擇信譽良好、有一定規模以及實力雄厚的發展商，以減低出現爛尾樓，或者物業落成後出現貨不對版的危機。

因為發展商不在香港，投資者也可以花多一點時間和心機，調查一下發展商的背景，多查看其過往的樓盤資料，以及其關係網。有時候發展商雖然名不經傳，但實際上其母公司也是一間大型又可靠的地產發展商。在種這情況下，其物業發展也會比較可靠。

整體來說，投資海外物業存在著另類的風險，所以我們需要更加多的技巧、知識、實戰經驗以及耐性，才能從中得利。但相對而言，投資海外物業的回報也是非常可觀的。

大家閱讀這本書這麼久，也應該明白我是非常喜歡這類需要更多知識和技巧，才能從中得利的投資。正如我喜歡在香港買二手樓一樣，雖然變數更多，但也存在著更多賺取利潤的空間。

投資海外物業，大家只需要做更多功課，也能獲取可觀利潤。有時候在海外投資的回報，甚至是香港投資物業所不能比較的。

第七章

7.3 海外投資的實戰案例

這一篇文章便給大家舉一些我在海外投資的例子吧!

前文曾經提過,想購入海外物業的投資者,其中一個需要解決的問題,就是對發展商的**背景調查**,也就是英文所說的「background check」,以及申請按揭的問題。

這一次我使用的手法,就是選定一個有潛力的投資項目以及一個可信賴的發展商,再集合一些有興趣的投資者,以團購方法和發展商去談價格。

這個例子發生在馬來西亞。馬來西亞對海外投資者是有限制的:海外投資者在馬來西亞購入物業時,最多只能做到五至六成的按揭。

而當時,我們選擇了一個新樓發展商的樓盤來投資,我們運用了團購買樓的技巧來談判,從而得到了低於發展商開出的市場售出價 40% 的優惠。

如此一來，到時我們便能夠以接近零首期的手法來投資，因為按揭能夠借到 50-60%，另一方面，我們也能從發展商手中得到接近 40% 的回贈。故這項投資，基本上可以說，我們沒有怎樣拿錢出來，也就是接近零首期便已經買到了一個物業了。

利用團購買樓的手法，除了樓價上的優惠，我們同時解決了以下兩個問題：發展商的背景調查和按揭申請的困難。

在馬來西亞用團購買樓的手法投資的樓盤。

案例二：收購舊樓後重建，發展成酒店物業

前文我曾經說過，海外投資的其中一個好處是因為某些國家的物業投資門檻相對低，所需的資金相對較少，以及法制上相對比較寬鬆。故此投資者在選對了投資項目後，得到的回報可以說是在香港難以想像的。

這個例子中，我們選擇了泰國的清邁。當時我們購入了清邁的舊樓，而由於清邁是二線城市，樓價相對來說比較便宜，人均只需要大概 30 至 40 萬港幣左右，便能入場。

我們把物業裝修完以後，便以酒店形式管理，通過 Airbnb 把房間出租。事實上，租金回報非常可觀，而裝修後的樓價也有升幅。我們預期數年後，也能以一個市價來把該物業出售獲利。

大家看到嗎？在香港，因為出租物業上的管理較嚴格，而投資物業的入場門檻也十分高，我們想要參與一個酒店的興建和發展，可以說是極有難度。但通過適當的操作，我們卻能在泰國擁有一間酒店。

案例三：馬來西亞購入 Shoplot

這個案例同樣發生在馬來西亞，馬來西亞對海外投資者，只在金額上有限制，但沒有購入物業類型的限制。這次我們便選擇以公司的形式在馬來西亞購入了一個三層的 Shoplot，即地下是商場而樓上是酒店的物業。

我們把樓上酒店的管理權租了出去，得到了長期的租金回報收入，同時間也商討出了一個非常長的成交期（3 年才成交），讓投資者在資金上保持靈活。

在馬來西亞以公司的形式購入的三層 Shoplot。

這個例子則是**租上租**，發生在泰國曼谷，當時我們在市中心附近，以便宜的租金租下了一個物業，並商洽了一個非常長的租期（15 年左右）。

把物業租下來後，我們把物業裝修翻新，然後營運酒店賺取利潤。通過這方法，大家甚至連物業也不用買下來，只需付出低廉的租金和裝修費用，便能長期坐著收租。

但當然，如果我們對當地的市場不夠熟悉，而關係網也不夠廣的話，這樣優質的投資機會是輪不到我們的。

在泰國以租上租的方法投資的物業。

7.4 移民海外：
以免失誤，專家的事專家做

最近有不少朋友都在考慮移民，又或者正在安排移民中，當然也有一批已經移民了。然而在看到朋友到了新國度開展新生活後，發現他們的生活卻表現出兩極化發展。

有一批生活得有滋有味，生活質素上升了一倍不止，住的房子大了，工作時間少了，每到週末就忙於想著去這兒那兒玩，例如滑雪、打高爾夫球等的活動一大堆。

另一批呢？他們不停遇上生活的煩心事，工作要重新開始，做不回本業或要從白領變為體力勞動，甚至在住屋、買車、孩子申請學校等方面都出現大大小小的問題！

移民前這兩批人可能就是在觀念上與及預備上有所不同。

當然，懂得計劃及投資，又或者已經一直在製造被動收入的朋友們，基於自己會在移民前後做好一些生活準備，自然跑得比沒有什麼預備、缺乏投資的朋友順利很多。

事實上移民前做些資料搜集及分析也十分重要的。我有兩位朋友，在離開香港前都是從事護士行業，他們具有差不多的專業年資和收入，兩位也是差不多時間（2021年底）

離開香港，並以「加拿大 STREAM A 救生艇計劃」而申請去當地讀書兼移民。

當中有一位和我比較相熟，當時他在找移民顧問公司，我介紹了一家在香港做得非常出色、在行內屬於權威公司的「保得信移民專家」給他及其家人。然後這位朋友只是付出了一個合理的顧問費，卻省卻了他從一開始找學校讀書、申請學生簽證、住屋、以至幫孩子申請入學等麻煩問題。該公司的顧問團隊還有稅務師等專業人士，更幫他重整了一下資產，把其名下的一個香港物業加按了。由於利息支出多了，淨收入減少了，從而達到了在加拿大減稅的目的。

另一位朋友卻認為移民事務可以由自己辦理，一時輕視了顧問服務的需要。她自己報讀了一家 STREAM A 合資格學校的課程，怎料到後來卻被當地移民局拒批了！原來她選讀的學校及科目並不屬於她的專業或專業的延伸，這不但申請不到其學生簽證，最麻煩的是一旦拒批，就容易跌進當局的黑名單（Black List）當中，將來想再度申請移民

加拿大的機會變得很微小！最近我和她通電話，她說：「早知如此，我當初應該多做點功課，或找個可靠的移民顧問團隊的。」

所以，我很想說，不要浪費自己珍貴的時間與生命，如果你想將移民辦理得妥妥當當，要靠專業人士，永遠記住：「專家的事專家做」。

而移民前後想購入海外房地產，也建議你們要對有關物業多做點功課，及諮詢有相關專業經驗的顧問哦！

後記

寫這本書的時候，腦海裡飄盪起很多往事，例如我購入第一個物業時的苦和甜：到處跑去睇樓，跑到差點患上足底筋膜炎；下班後和組員們看完樓盤後，「賽後檢討」至凌晨 2、3 點才回家，第二天掙扎著起床的痛苦；心儀物業的賣家終於說：「好，就賣給你吧！」當時的興奮⋯⋯

介紹心儀的優質物業給朋友時，卻被懷疑是騙子的心酸和傷心；和一些最初以為完全相處不來的地產經紀成為朋友後，一起吃飯，甚至結伴參加另一位朋友的婚禮，然後派對唱 K 直落的瘋狂；一些學生在售出物業後，拿著一打香檳上來我辦公室慶祝的歡樂時刻⋯⋯

一切一切都源自那一天，我覺得我不能再單靠我的人工收入來儲錢退休，決定要上投資買樓、做生意的課程開始。

最後我選擇了投資物業，後來以此成為我的興趣。我也開始創業，將物業的版圖再擴大。

親愛的讀者，也許你在看完這本書後，不會作出和我一樣的選擇——專注地研究物業投資這一個領域，也許你只是純粹地為了自己能以更低的價錢買到一個安樂窩。

無論如何，正如我在自序中提及到的——「知識改變命運」，我也希望你能把從這本書中學習到的知識學以致用，改變自己本來的觀念，留意到那些你以往不曾注意的細節。

雖然我未能把一些需要面對面、手把手傳授的知識透過這本書傳達給你（不如來參加 P&S Academy 的課程吧！），但你已經踏出了很好的第一步，就是對財務自由的渴求和對正確知識的尋求。

期望有一天你能與我分享你的成果。當然，看完以後有問題的讀者們，也歡迎隨時聯系我們了解更多資訊！

（全書完）

作者：	蔣一洪 LUCY
統籌：	梁舶祺 Pak Ki
統籌助理：	羅晞 Stefanie
編輯：	繆穎 Margaret、林珞寧 Lorraine
校對：	吳苡澄 Yuki、吳小慧 Iris
設計：	4res
書名字型設計：	孫欣愉 Fiona
出版：	紅出版（青森文化）
	地址：香港灣仔道133號卓凌中心11樓
	出版計劃查詢電話：(852) 2540 7517
	電郵：editor@red-publish.com
	網址：http://www.red-publish.com
香港總經銷：	聯合新零售（香港）有限公司
台灣總經銷：	貿騰發賣股份有限公司
	地址：新北市中和區立德街136號6樓
	(886) 2-8227-5988
	http://www.namode.com
出版日期：	2022年7月
圖書分類：	投資／地產
ISBN：	978-988-8822-00-3
定價：	港幣118元正／新台幣470圓正